Fachwissen Technische Akustik

Diese Reihe behandelt die physikalischen und physiologischen Grundlagen der Technischen Akustik, Probleme der Maschinen- und Raumakustik sowie die akustische Messtechnik. Vorgestellt werden die in der Technischen Akustik nutzbaren numerischen Methoden einschließlich der Normen und Richtlinien, die bei der täglichen Arbeit auf diesen Gebieten benötigt werden.

Gerhard Müller • Michael Möser
Herausgeber

Luftschall aus dem Schienenverkehr

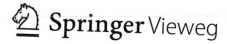

Herausgeber
Gerhard Müller
Lehrstuhl für Baumechanik
Technische Universität München
München, Deutschland

Michael Möser
Institut für Technische Akustik
Technische Universität Berlin
Berlin, Deutschland

Fachwissen Technische Akustik
ISBN 978-3-662-55462-3   ISBN 978-3-662-55463-0 (eBook)
https://doi.org/10.1007/978-3-662-55463-0

Die Deutsche Nationalbibliothek verzeichnet diese Publikation in der Deutschen Nationalbibliografie;
detaillierte bibliografische Daten sind im Internet über http://dnb.d-nb.de abrufbar.

Springer Vieweg
© Springer-Verlag GmbH Deutschland 2017
Dieser Beitrag wurde zuerst veröffentlicht in: G. Müller, M. Möser (Hrsg.), Taschenbuch der
Technischen Akustik, Springer NachschlageWissen, Springer-Verlag Berlin Heidelberg 2015,
https://doi.org/10.1007/978-3-662-43966-1_17-1.

Gedruckt auf säurefreiem und chlorfrei gebleichtem Papier

Springer Vieweg ist Teil von Springer Nature
Die eingetragene Gesellschaft ist Springer-Verlag GmbH Deutschland
Die Anschrift der Gesellschaft ist: Heidelberger Platz 3, 14197 Berlin, Germany

Inhaltsverzeichnis

Luftschall aus dem Schienenverkehr 1
Stefan Lutzenberger, Dorothée Stiebel, Christian Gerbig und
Rüdiger G. Wettschureck

Autorenverzeichnis

Christian Gerbig Akustik und Erschütterungen, DB Systemtechnik GmbH, München, Deutschland

Stefan Lutzenberger Müller-BBM Rail Technologies GmbH, Planegg bei München, Deutschland

Dorothée Stiebel Akustik und Erschütterungen, DB Systemtechnik GmbH, München, Deutschland

Rüdiger G. Wettschureck Beratender Ingenieur für Technische Akustik, Großweil, Deutschland

Luftschall aus dem Schienenverkehr

Stefan Lutzenberger, Dorothée Stiebel, Christian Gerbig und Rüdiger G. Wettschureck

Zusammenfassung

Das vorliegende Kapitel gibt einen Überblick über bahnakustische Fragestellungen und beschreibt dabei die wichtigsten Mechanismen, Minderungsmaßnahmen, Mess- und Simulationsverfahren und zeigt typische Mess- und Berechnungsergebnisse. Daneben werden Prognoseverfahren beschrieben und es wird auf die Bewertung von Schienenverkehrslärm eingegangen.

1 Einleitung

Das vorliegende Kapitel ist Teil der Überarbeitung des Kapitels „Geräusche und Erschütterungen aus dem Schienenverkehr" aus der dritten Auflage des Taschenbuchs der Technischen Akustik [1] sowie des Kapitels „Noise and Vibration from Railroad Traffic" der ersten Auflage der englischen Ausgabe „Handbook of Engineering Acoustics" [2]. Im Rahmen der Überarbeitung wurden die Kapitel zum Luftschall und zum Körperschall getrennt, die Struktur der Kapitel neu gestaltet, und es wurden neuere wissenschaftliche, normative und praktische Erkenntnisse sowohl aus dem Inland, als auch aus dem Ausland eingearbeitet. Außerdem werden alle Diagramme soweit möglich und sinnvoll nun A-bewertet dargestellt.

Wichtige Grundlagen wurden in den früheren Auflagen von Kollegen bei der Deutschen Bahn und bei Müller-BBM erarbeitet, namentlich von den früheren Autoren Camil Stüber, Günther Hauck, Ludger Willenbrink und Rolf J. Diehl.

Das Kapitel soll den praktisch tätigen Ingenieur bei seiner Arbeit unterstützen. Es gibt daher einen Überblick über die zahlreichen Themen und Fachgebiete der Bahnakustik. Neben den grundlegenden Mechanismen der Schallentstehung wird auf das Innengeräusch in Schienenfahrzeugen, das Außengeräusch, mögliche Minderungsmaßnahmen und die Schallimmission eingegangen. Im Kapitel werden Schallemissionsdaten von

S. Lutzenberger (✉)
Müller-BBM Rail Technologies GmbH, Planegg bei München, Deutschland
E-Mail: Stefan.Lutzenberger@MuellerBBM.com

D. Stiebel • C. Gerbig
Akustik und Erschütterungen, DB Systemtechnik GmbH, München, Deutschland
E-Mail: Dorothee.Stiebel@deutschebahn.com; Christian.Gerbig@deutschebahn.com

R.G. Wettschureck
Beratender Ingenieur für Technische Akustik, Großweil, Deutschland
E-Mail: post@wettschureck-acoustics.eu

© Springer-Verlag GmbH Deutschland 2017
G. Müller, M. Möser (Hrsg.), *Luftschall aus dem Schienenverkehr*, Fachwissen Technische Akustik,
https://doi.org/10.1007/978-3-662-55463-0_17

Schienenfahrzeugen dargestellt und es werden zahlreiche Mess- und Berechnungsergebnisse typischer Situationen gezeigt. Weiter wird auf die Durchführung von Messungen wie auch auf Simulationsrechnungen und Prognosen eingegangen.

2 Begriffe

Nachfolgend werden einige grundlegende Begriffe erläutert, die zur Charakterisierung der Geräuschsituation in der Umgebung von Schienenverkehrswegen oder allgemein von Bahnanlagen gebräuchlich sind. Bezüglich der allgemeinen Grundlagen der Akustik wird auf die einschlägige Literatur bzw. auf das entsprechende Kapitel des vorliegenden Taschenbuches verwiesen.

A-bewerteter äquivalenter Dauerschalldruckpegel Der A-bewertete äquivalente Dauerschalldruckpegel $L_{pAeq,T}$ entspricht dem über die Messdauer T energetisch gemittelten A-bewerteten Schalldruckpegel nach folgender Gleichung:

$$L_{pAeq,T} = 10 \lg \left(\frac{1}{T} \int_0^T \frac{p_A^2(t)}{p_0^2} \, dt \right) \qquad (1)$$

mit dem Bezugsschalldruck $p_0 = 20$ µPa. Der A-bewertete äquivalente Dauerschalldruckpegel wird häufig zur Charakterisierung von Stillstandgeräuschen und von Fahrzeuginnengeräuschen verwendet.

A-bewerteter äquivalenter Dauerschalldruckpegel während der Vorbeifahrtzeit Der A-bewertete äquivalente Dauerschalldruckpegel $L_{pAeq,Tp}$ während der Vorbeifahrtzeit beschreibt das Vorbeifahrtgeräusch von Schienenfahrzeugen. Er wird während der Vorbeifahrtzeit $T_p = T_2 - T_1$ nach Gl. 1 bestimmt. T_1 und T_2 entsprechen den Zeitpunkten, an denen der Zuganfang bzw. das Zugende die Mikrofonposition passiert.

AF-bewerteter maximaler Schalldruckpegel Der Maximalwert des A-bewerteten Schalldruckpegels L_{pAFmax} wird während der Messdauer T unter Anwendung der Zeitbewertung F (fast) bestimmt.

Der L_{pAFmax} dient der Charakterisierung zeitlich stark veränderlicher Geräusche wie dem Anfahroder dem Bremsgeräusch.

Mittelungspegel Der Mittelungspegel L_m in dB(A) nach [3] beschreibt Geräusche mit zeitlich veränderlichem Schallpegel als Einzahlwert. In den Mittelungspegel gehen Pegel und Dauer jedes Schallereignisses während der Mittelungsdauer ein. Die Zahlenangaben sind z. B. der Mittelungspegel für ein Ereignis pro Stunde $L_{m,1h}$, z. B. eine Zugvorbeifahrt einschließlich Annäherung und Entfernung, ein Pufferstoß beim Rangieren usw.

Emissionspegel Die Schallemission einer Eisenbahnstrecke (Linienschallquelle) wird beschrieben durch den Emissionspegel $L_{m,E}$ in dB(A). Er ist der Mittelungspegel für den zu betrachtenden Zeitraum in 25 m Abstand von der Achse des betrachteten Gleises, in einer Höhe von 3,5 m über Schienenoberkante (SO), bei freier Schallausbreitung.

Bei punktförmigen Schallquellen, wie z. B. Pufferstößen oder Gleisbremsen beim Rangierbetrieb, ist es der Mittelungspegel in dB(A), den die Quelle bei ungerichteter Schallabstrahlung in 25 m Abstand von ihrer Mitte erzeugt.

Beurteilungspegel Der Beurteilungspegel dient zur Kennzeichnung der, auf ein Gebiet oder einen Punkt eines Gebietes einwirkenden, Schallimmissionen.

Er wird bestimmt aus den unter Berücksichtigung von fahrzeug- und fahrwegtypischen Besonderheiten ermittelten Emissionspegeln, den Ausbreitungsdämpfungen auf den jeweiligen Ausbreitungswegen und gegebenenfalls den Korrekturgrößen bezüglich bestimmter Lärmwirkungen bzw. Wirkungsunterschiede im Vergleich zu anderen Verkehrslärmarten.

Akustische Rauheit Die akustische Rauheit charakterisiert kleinste Unebenheiten auf den Laufflächen von Schiene (Schienenrauheit) oder Rad (Radrauheit) welche für die Anregung des Rollgeräusches maßgeblich ursächlich sind. Die akustische Rauheit wird in µm angegeben, der Rauheitspegel L_r berechnet sich aus dem Effektivwert des Rauheitsverlaufs r_{RMS} über dem Messabschnitt und dem Bezugswert der Rauheit $r_0 = 1\,\mu m$ und wird als Terzspektrum angegeben:

$$L_r = 10\lg\left(\frac{r_{RMS}^2}{r_0^2}\right) \qquad (2)$$

Als Riffel werden periodische Rauheiten der Schienenfahrfläche mit Wellenlängen zwischen ca. 1 cm bis 10 cm bezeichnet, Wellen (z. B. Schlupfwellen) sind periodische Rauheiten der Schienenfahrfläche mit Wellenlängen von ca. 8 cm bis 240 cm.

Gleisabklingrate (Track Decay Rate, TDR) Die Gleisabklingrate charakterisiert die Dämpfung des Gleises in Form der Abnahme der Schienenschwingungen entlang einer Schiene mit dem Abstand von der Quelle. Sie wird als Terzspektrum in Dezibel je Meter [dB/m] ausgedrückt. Üblicherweise werden die horizontale und die vertikale Abklingrate ermittelt und dargestellt.

Referenzgleisabschnitt Ein Referenzgleisabschnitt ist ein akustisch guter Gleisabschnitt, an dem die Gleisabklingraten und die Pegel der akustischen Schienenrauheit überprüft werden und Mindestanforderungen genügen müssen. Der Referenzgleisabschnitt hat eine besondere Bedeutung für die akustische Typprüfung von Schienenfahrzeugen.

Typprüfung Eine Typprüfung besteht aus einer oder mehreren Prüfungen und wird ausgeführt, um zu ermitteln, ob das Prüfobjekt (z. B. ein Triebzug, ein Wagen oder eine Komponente) alle maßgebenden Anforderungen einer Spezifikation erfüllt.

3 Gesetzliche Regelungen

Gesetzliche Regelungen zu Schallemissionen und -immissionen von Eisenbahnen finden sich auf europäischer und auf nationaler Ebene. Die für den Bau oder die Änderung von Betriebsanlagen der Eisenbahnen des Bundes notwendige eisenbahnrechtliche Planfeststellung wird durch nationales Recht geregelt. Die hierbei zu berücksichtigenden Belange des Immissionsschutzes sind ebenfalls Bestandteil der nationalen gesetzlichen Regelungen. Für die Behandlung der Geräuschimmissionen während der Bauzeit von Schienenverkehrsanlagen sei auf das Kap. "Baulärm" in diesem Buch verwiesen. Gesetzliche Regelungen für Geräuschimmissionen, die von Anlagen im Sinne des Bundes-Immissionsschutzgesetzes ausgehen, werden in dem Kap. "Beurteilung von Schallimmissionen" behandelt. Die EU-Richtlinien zur Interoperabilität mit den dazugehörigen „Technischen Spezifikationen (TSI)" wurden weitgehend durch die Transeuropäische-Eisenbahn-Interoperabilitätsverordnung (TEIV) [4] in deutsches Recht umgesetzt. Sie regeln die Anforderungen an Schienenfahrzeuge, die auf den transeuropäischen Netzen des Hochgeschwindigkeitsbahnsystems und des konventionellen Bahnsystems verkehren.

3.1 Regelungen in Deutschland

Das im März 1974 für die Bundesrepublik Deutschland erlassene Bundes-Immissionsschutzgesetz (BImSchG) in der derzeit gültigen Fassung vom 17. Mai 2013 [5] behandelt schädliche Umwelteinwirkungen durch Immissionen, die nach Art, Ausmaß oder Dauer geeignet sind, Gefahren, erhebliche Nachteile oder erhebliche Belästigungen für die Allgemeinheit oder Nachbarschaft herbeizuführen. Hierunter fallen auch Geräusche und Erschütterungen, die von Schienenwegen ausgehen.

Die wesentlichen immissionsschutzrechtlichen Regelungen für den Schienenverkehrslärm sind in den §§ 38, 41–43, 50 BImSchG und der Verkehrslärmschutz-Verordnung (16. BImSchV) [6] sowie der Verkehrswege-Schallschutzmaßnahmen-Verordnung (24. BImSchV) [7] enthalten. Sie bilden die gesetzliche Grundlage für den Lärmschutz im Rahmen der sogenannten „Lärmvorsorge", also der vorbeugenden Vermeidung von Entstehung und Ausbreitung von Verkehrsgeräuschen bei dem Neubau oder der wesentlichen Änderung von Verkehrswegen. Für die Verminderung des Lärms an bestehenden Schienenwegen ohne bauliche Änderungen lassen sich aus den §§ 41–43 BImSchG sowie der 16. BImSchV keine gesetzlichen Ansprüche ableiten.

Bei raumbedeutsamen Neuplanungen von Schienenwegen ist das in § 50 BImSchG festgelegte materielle Flächenordnungsgebot zu beachten, wodurch schädliche Umwelteinwirkungen auf überwiegend oder ausschließlich dem Wohnen dienende Gebiete oder auf sonstige schutzbedürftige Gebiete soweit wie möglich zu vermeiden sind.

In § 38 BImSchG wird im Grundsatz festgelegt, dass die Emissionen von Schienenfahrzeugen bei bestimmungsgemäßem Betrieb die zum Schutz vor schädlichen Umwelteinwirkungen einzuhaltenden Grenzwerte nicht überschreiten dürfen. Sie müssen so betrieben werden, dass vermeidbare Emissionen verhindert und unvermeidbare Emissionen auf ein Mindestmaß beschränkt bleiben. Bislang wurden keine nationalen Vorschriften zur Festsetzung von Emissionsgrenzwerten für Schienenfahrzeuge auf Basis des § 38 Abs. 2 BImSchG erlassen. Allerdings legen die europäischen Regelungen zur Interoperabilität von Fahrzeugen des transeuropäischen Hochgeschwindigkeitsbahnsystems und von Fahrzeugen des konventionellen transeuropäischen Bahnsystems Emissionsgrenzwerte für neu zuzulassende Schienenfahrzeuge fest [8].

In § 41 BImSchG ist festgelegt, dass bei dem Neubau oder der wesentlichen Änderung von Schienenwegen sicherzustellen ist, dass durch diese keine schädlichen Umwelteinwirkungen durch Verkehrsgeräusche hervorgerufen werden können, die nach dem Stand der Technik vermeidbar sind. Dies gilt, sofern die Kosten der Schutzmaßnahmen nicht außer Verhältnis zum angestrebten Schutzzweck stehen.

Sofern durch planerische oder technische Lärmvorsorgemaßnahmen kein ausreichender Schutz gewährt wird (Überschreitung der nach BImSchG bzw. 16. BImSchV festgelegten Immissionsgrenzwerte), bietet § 42 BImSchG die Basis für eine angemessene Entschädigung in Geld. Nach Absatz 2 ist die Entschädigung für Schallschutzmaßnahmen an den baulichen Anlagen (passiver Schallschutz) in Höhe der erbrachten notwendigen Aufwendungen zu leisten.

Durch § 43 BImSchG wird die Bundesregierung ermächtigt, Grenzwerte für die Schallimmissionen an Straßen und Schienenwegen zum Schutz der Nachbarschaft durch Rechtsverordnungen festzulegen.

Die 16. BImSchV legt sowohl die Immissionsgrenzwerte für Verkehrsgeräusche als auch das Verfahren zur Ermittlung der Immissionen fest und konkretisiert damit § 43 Abs. 1 Satz 1 Nr. 1. Die Immissionsgrenzwerte beziehen sich auf den Beurteilungspegel im Tageszeitraum bzw. im Nachtzeitraum. Die Grenzwerte sind abhängig von der baulichen Nutzung gemäß Baunutzungsverordnung. Bestandteil der Ermittlung des Beurteilungspegels war in der Vergangenheit ein, für die Besonderheiten des Schienenverkehrs vorgesehener, Abschlag in Höhe von 5 dB(A). Dieser sogenannte „Schienenbonus", der basierend auf Lärmwirkungsuntersuchungen im Jahr 1990 in der Bundesrepublik Deutschland durch die 16. BImSchV eingeführt wurde, ist aufgrund des 11. Gesetzes zur Änderung des BImSchG [9] für neue Verfahren seit dem 01. Januar 2015 nicht mehr anzuwenden. Für Straßenbahnen gilt dies ab dem 01. Januar 2019.

In der Anlage 2 der 16. BImSchV werden die Regelungen für die Berechnung der Beurteilungspegel bei Schienenwegen in einer ausführlichen Berechnungsvorschrift festgelegt. Diese, als *Schall 03* bezeichnete Berechnungsvorschrift [56], regelt auch die Berechnung des Beurteilungspegels des Lärms, der von Schienenwegen ausgeht, auf denen in erheblichem Umfang Güterzüge gebildet oder zerlegt werden. Sie ersetzt seit dem 01.01.2015 die bis dahin gültige „Richtlinie zur Berechnung der Schallimmissionen von Schienenwegen – Schall 03" [10] und die „Richtlinie für schalltechnische Untersuchungen bei der Planung von Rangier- und Umschlagbahnhöfen – Akustik 04" [11]. Durch diese Aktualisierung wurde eine Anpassung der Regelungen für die Schallimmissionsberechnungen an die aktuellen Erkenntnisse zu Schienenverkehrsgeräuschen sowie moderne Eisenbahn- und Straßenbahntechnik erreicht. Außerdem wird die zukünftige Weiterentwicklung der Technik berücksichtigt. Die Schall 03 [56] enthält alle Angaben für die Berechnungen, so dass hier auf Einzelheiten nicht eingegangen werden muss.

Zum Erreichen der gesetzlich definierten Schutzziele sind neben den aktiven Schallschutzmaßnahmen häufig passive Schallschutzmaßnahmen erforderlich oder unter bestimmten Randbedingungen besser geeignet als aktive Maßnahmen. Deshalb wurde mit der Einführung der 24. Verordnung zur Durchführung des Bundes-Immissionsschutzgesetzes (Verkehrswege-Schallschutzmaßnahmen-Verordnung – 24. BImSchV) [7] im Jahr 1997 die einheitliche Abwicklung passiver Schallschutzmaßnahmen gesetzlich geregelt. Die Verordnung legt die Art und den Umfang von Schallschutzmaßnahmen für schutzbedürftige Räume in baulichen Anlagen auf der Grundlage eines entsprechenden Berechnungsverfahrens fest. Als Ergänzung zur 24. BImSchV steht die Richtlinie [12] – die insbesondere auf die Anwendung der 24. BImSchV und die praktische Abwicklung zur Dimensionierung von passiven Schallschutzmaßnahmen bei Schienenverkehrslärm im Bereich der Deutschen Bahn angewendet wird – zur Verfügung.

3.2 Regelungen in der Europäischen Union

Neben der Richtlinie 2002/49/EG über die Bewertung und Bekämpfung von Umgebungslärm (Umgebungslärmrichtlinie) [13], die sich auf den gesamten Umgebungslärm – inklusive Verkehrsgeräusche – bezieht und im Kap. "Beurteilung von Schallimmissionen" in diesem Taschenbuch detailliert behandelt wird, sind für den Schienenverkehrslärm insbesondere die in den Technischen Spezifikationen zur Interoperabilität (TSI) geregelten akustischen Anforderungen an Schienenfahrzeuge relevant.

Zur Förderung des grenzüberschreitenden europäischen Eisenbahnverkehrs wurde durch die Europäische Union im Jahr 2002 die erste TSI für das transeuropäische Hochgeschwindigkeitsbahnsystem [14] erlassen. Hierin waren Anforderungen bezüglich des Stand- und des Vorbeifahrtgeräusches sowie des Innengeräusches im Fahrerstand definiert. Im Jahr 2006 trat mit der TSI Lärm [15] eine TSI mit akustischen Anforderungen an Schienenfahrzeuge des sogenannten „konventionellen transeuropäischen Eisenbahnsystems" in Kraft. Sie stellte Anforderungen bezüglich Stand-, Anfahr- und Vorbeifahrtgeräusche sowie Innengeräusche im Fahrerstand.

Im Jahr 2008 wurde die TSI für den Hochgeschwindigkeitsverkehr [16] und im Jahr 2011 die TSI für den konventionellen Schienenverkehr [17] in aktualisierter Fassung erlassen.

Im Rahmen einer großen Revision wurden die akustischen Anforderungen in eine für alle transeuropäischen Bahnsysteme anzuwendende TSI Lärm zusammengeführt. Die Revision der TSI Lärm ist am 01. Januar 2015 in Kraft getreten [8]. Neben einer Verschlankung der Regelungen bezüglich der Nachweisführung durch konsequenten Verweis auf die anzuwendenden Normen, wie DIN EN ISO 3095 [18] und EN 15892 [19], sind auf den jeweiligen Fahrzeugtyp abgestimmte Grenzwerte für das Standgeräusch, das Anfahrgeräusch und das Vorbeifahrtgeräusch sowie das Innengeräusch im Fahrerstand während der Fahrt und bei Betätigung des Signalhorns festgelegt. Einzelne Grenzwerte dieser schon bei den vorigen TSI'n enthaltenen Regelungen sind geringfügig abgesenkt worden. Darüber hinaus werden zusätzliche Anforderungen an das Standgeräusch gestellt: Sowohl für den A-bewerteten äquivalenten Dauerschalldruckpegel an dem zum Hauptluftpresser nächstgelegenen Messpunkt als auch für den höchsten AF-bewerteten Maximalpegel an dem der stärksten Impulsschallquelle nächstgelegenen Messpunkt sind Grenzwerte festgeschrieben.

Neben der auch in Zukunft erfolgenden Anpassung der akustischen Anforderungen an neue und umgerüstete oder erneuerte Fahrzeuge durch turnusmäßige Aktualisierung der TSI Lärm ist von der EU Kommission vorgesehen, auch die Anwendung von TSI-Anforderungen für Bestandsfahrzeuge zu prüfen [8]. Der Fokus liegt hierbei insbesondere auf den Güterwagen. Hierdurch soll die Akzeptanz des Schienengüterverkehrs bei der Bevölkerung erhöht werden.

Weitere akustische Anforderungen an Schienenfahrzeuge stellt die TSI PRM [20], welche die für Fahrgäste mit eingeschränkter Mobilität getroffenen Vorkehrungen harmonisiert, und die TSI LOC&PAS CR [21], welche die technischen

Anforderungen an Lokomotiven und Personen-wagen des konventionellen Bahnsystems harmonisiert.

Die TSI PRM stellt Anforderungen an die Sprachverständlichkeit des Fahrgastinformationssystems sowie an den Pegel und die Charakteristik der akustischen Signale, die Türfunktionen anzeigen.

Die akustischen Regelungen der TSI LOC&-PAS CR betreffen die akustische Warnvorrichtung (Signalhorn) der Züge und die akustischen Informationen für den Triebfahrzeugführer.

4 Mechanismen der Schallentstehung

Die Schallemissionen von Schienenfahrzeugen werden im Wesentlichen durch

- Aggregatgeräusche (Geschwindigkeitsbereich $v <$ ca. 60 km/h),
- das Rollgeräusch (Geschwindigkeitsbereich ca. 60 km/h $< v <$ ca. 300 km/h) und
- aerodynamische Geräusche (Geschwindigkeitsbereich $v >$ ca. 300 km/h)

bestimmt.

Von den genannten Schienenfahrzeuggeräuschen kommt dem Rollgeräusch die höchste Bedeutung zu, da es die Schallemissionen von Schienenfahrzeugen im maßgeblichen Geschwindigkeitsbereich zwischen ca. 60 km/h und ca. 300 km/h dominiert. Die oben genannten Geschwindigkeitsbereiche geben eine Orientierung und hängen vom Typ des Schienenfahrzeugs ab. So können z. B. bei älteren Diesellokomotiven die Motorgeräusche auch bei Geschwindigkeiten von $v = 80$ km/h dominant sein.

Die Aggregatgeräusche (z. B. Motorgeräusch, Lüftergeräusch usw.) dominieren im Wesentlichen die Schallemission im Stand und beim Anfahren. Stand- und Anfahrgeräusche sind vor allem im Bereich von Bahnhöfen und Abstellanlagen relevant. Aerodynamische Geräusche sind nur bei sehr hohen Zuggeschwindigkeiten von Bedeutung. Eine Ausnahme stellen die Stromabnehmer bei Vorbeifahrt an Schallschutzwänden

dar, da der von dieser hochliegenden Schallquelle abgestrahlte Schall durch die Schallschutzwand nur wenig gemindert wird.

Auf weitere Problemstellungen wie die Schallemission an Brücken, Bahnübergängen und Tunneln wird in dem Unterkapitel (9) eingegangen.

4.1 Rollgeräusch

Das Rollgeräusch wird hauptsächlich durch

a) die Fahrgeschwindigkeit,
b) die akustische Schienenrauheit,
c) die akustische Radrauheit (welche durch die Bremsbauart dominiert wird),
d) die Dämpfung des Gleises (beschrieben durch die Abklingrate TDR),
e) den Oberbau (Schotteroberbau mit Holz-/Betonschwellen, Feste Fahrbahn),
f) das Fahrzeug (wie z. B. Größe der Räder, Radschallabsorber) und
g) den Fahrweg (z. B. Oberbauart, Brücken, Bahnübergänge usw.)

beeinflusst.

Der Einfluss der Fahrgeschwindigkeit kann durch Gl. 3 beschrieben werden. Der bei einer Fahrgeschwindigkeit v_0 ermittelte Schalldruckpegel L_{v0} kann auf den Schalldruckpegel L_v bei einer anderen Fahrgeschwindigkeit v näherungsweise umgerechnet werden:

$$L_v = L_{v0} + k \cdot \lg\left(\frac{v}{v_0}\right) \quad \text{dB} \quad (3)$$

Dabei ist für Geschwindigkeiten bis 250 km/h $k = 20$ bei der Berechnung von Mittelungspegeln L_m und $k = 30$ bei der Berechnung äquivalenter Dauerschalldruckpegel $L_{pAeq,Tp}$ anzusetzen.

Für höhere Geschwindigkeiten kann infolge der zunehmenden aerodynamischen Geräuschanteile der Einfluss der Fahrgeschwindigkeit auf den Vorbeifahrtpegel (äquivalenter Dauerschalldruckpegel $L_{pAeq,Tp}$) mit $k = 45–50$ für Geschwindigkeiten zwischen 250 km/h und 320 km/h (vgl. Abb. 12) und $k = 60$ für Geschwindigkeiten >320 km/h beschrieben werden. Die Werte für

k basieren auf umfangreichen Messungen an verschiedenen Schienenfahrzeugtypen in einem sehr großen Geschwindigkeitsbereich von etwa 30 km/h bis 320 km/h (Tab. 1; Abschn. 5.1).

Die weiteren Einflussfaktoren sind schwieriger zu beschreiben und werden im Folgenden diskutiert.

Mechanismen des Rollgeräusches

Das Rollgeräusch kann über ein vergleichsweise einfaches Ersatzmodell beschrieben werden (s. Abb. 1).

Bei der Entstehung des Rollgeräusches sind vor allem die in Abb. 2 dargestellten Mechanismen von Bedeutung (vgl. auch [22–24]).

Anregung: Die akustische Rauheit der Radlauffläche und der Schienenoberfläche regen beim Rollvorgang Rad und Schiene zu Schwingungen an (Rauheitsanregung) und bedingen die Entstehung des Rollgeräusches. Die Gesamtanregung erfolgt durch die (energetische) Summe der akustischen Rad- und Schienenrauheit. Die Kontaktfläche zwischen Rad und Schiene wirkt dabei als Filter für die akustische Gesamtrauheit. Bei einer Größe der Kontaktfläche von ca. 10 mm × 15 mm tragen kurzwellige Rauheiten (Wellenlänge < 3 mm) nur noch in einem sehr geringen Umfang zur Schallentstehung bei.

Schwingungsentstehung: Die Anregung führt zu Schwingungen von Rad und Schiene. Die Stärke der Schwingungen von Rad, Schiene und Schwelle hängt von den mechanischen Eigenschaften beider Systeme (Impedanzen bzw. dynamischen Steifigkeiten und Dämpfungen) ab.

Schallabstrahlung: Die Schwingungen werden als Luftschall abgestrahlt. Einfluss auf den abgestrahlten Schall hat das Abstrahlverhalten der Teilsysteme, welches u. a. durch die Geometrie bestimmt ist. Hauptschallquellen für die Abstrahlung des Rollgeräusches sind Rad und Schiene. Das Rad strahlt im Wesentlichen im Frequenzbereich über 1000 Hz ab, die Schiene vor allem unter 1000 Hz. In vielen Fällen sind die Schallemissionen von Rad und Schiene in etwa gleich groß.

Drehgestell und Wagenkasten sind von den Rädern elastisch entkoppelt, wodurch die Schwingungsamplituden im akustisch relevanten Bereich reduziert werden. Wegen der deutlich größeren abstrahlenden Fläche des Aufbaus im Vergleich zur Radscheibe darf dieser Effekt, insbesondere bei Güterwagen, jedoch nicht gänzlich außer Acht gelassen werden. Im Allgemeinen ist jedoch die Schallabstrahlung von Drehgestell und Aufbau von geringerer Bedeutung (vgl. [24]). Die

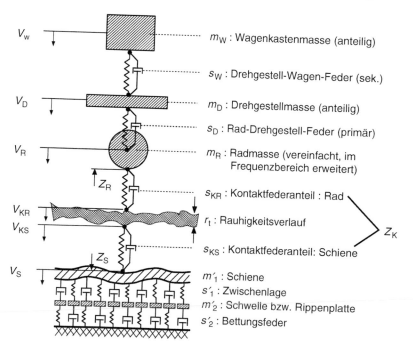

Abb. 1 Schematischer Aufbau der Rad/Schiene-Impedanzmodelle mit Rauheitsanregung

m_W : Wagenkastenmasse (anteilig)

s_W : Drehgestell-Wagen-Feder (sek.)

m_D : Drehgestellmasse (anteilig)

s_D : Rad-Drehgestell-Feder (primär)

m_R : Radmasse (vereinfacht, im Frequenzbereich erweitert)

s_{KR} : Kontaktfederanteil : Rad

r_t : Rauhigkeitsverlauf

s_{KS} : Kontaktfederanteil: Schiene

m'_1 : Schiene

s'_1 : Zwischenlage

m'_2 : Schwelle bzw. Rippenplatte

s'_2 : Bettungsfeder

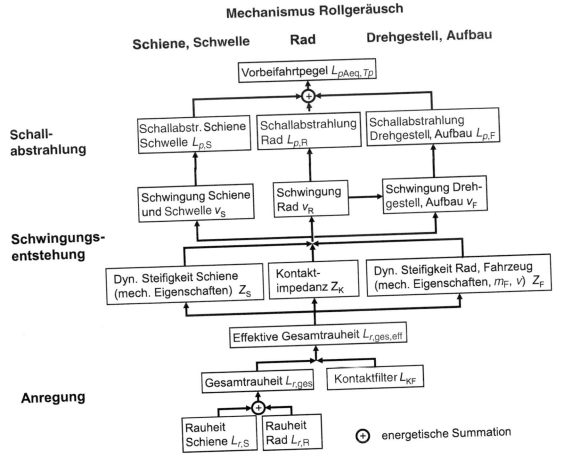

Abb. 2 Mechanismen der Rollgeräuschentstehung [22]

Mechanismen der Schallabstrahlung von Eisenbahnrädern sind z. B. in [24] und [25] dargestellt.

Rauheitsanregung

Die akustischen Rauheiten von Rad und Schiene regen die Schallentstehung an.

Die Radrauheiten sind in hohem Maß von der Art der eingebauten Bremsen abhängig. Bei Graugussbremsklötzen entstehen durch die Einwirkung der Bremsklötze auf die Radlauffläche sogenannte Radriffel mit einer Wellenlänge von ca. 2 cm bis 6 cm [26]. Diese Radriffel heben das Rollgeräusch von Schienenfahrzeugen mit Grauguss-Klotzbremsen im Vergleich zu modernem Rollmaterial mit Verbundstoff-Klotzbremsen (K- oder LL-Sohlen) oder Scheibenbremsen sowie elektronischem Gleitschutz bei gleicher Fahrgeschwindigkeit und einwandfreien Schienenlaufflä-

chen deutlich an. Die Erhöhung hängt auch maßgeblich von der akustischen Rauheit der Schiene ab. Bei glatten Schienen sind Fahrzeuge mit Grauguss-Klotzbremsen ca. 10 dB(A) lauter. Bei stark verriffelten Schienen kann die Differenz sehr gering sein. Beispiele für Radrauheiten sind in Abb. 3 enthalten.

Einige europäische Bahnen haben an ihren Reisezugwagen zusätzlich zur Scheibenbremse noch eine nur selten zum Einsatz kommende Klotzbremse (sogenannter Putzklotz). Hierdurch kann die Radlauffläche im Einsatzfall verriffelt werden, was zu erhöhtem Rollgeräusch führt.

Neben den Radlaufflächen hat auch die akustische Rauheit der Schienenfahrflächen einen erheblichen Einfluss auf die Schallemission. Beispiele für typische akustische Schienenrauheiten

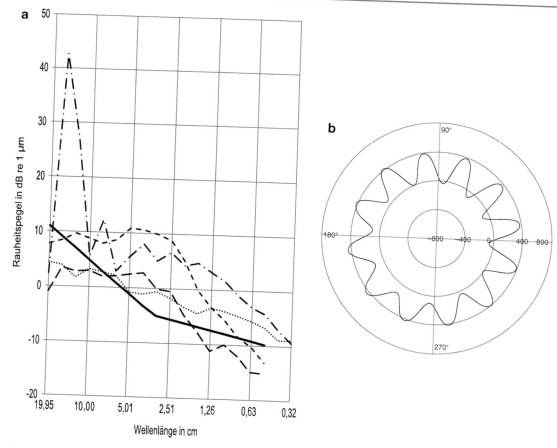

Abb. 3 (**a**) Beispiele für Ergebnisse von Messungen der akustischen Rauheit für Grauguss- (— — — — — —) und K-Sohlen (- - - -) gebremste Räder (jeweils indirekt ermittelt) [27], für ein typisches scheibengebremstes Rad (··········) [28], für ein stark polygonisiertes Rad (—·—·—·) sowie zur vergleichenden Bewertung die Grenzkurve für Schienenrauheiten nach [18] (——) (**b**) Polarplot des polygonisierten Rades. Der Polarplot zeigt eine Polygonisierung 12. Ordnung

zeigt Abb. 4. Daneben können sich verschiedene Defekte auf der Schienenfahrfläche ausbilden, welche die Schallemission erhöhen.

Im Verlauf von mehreren Jahren (vereinzelt auch schneller) können auf den Schienenfahrflächen Riffel entstehen. Die Wellenlängen der Schienenriffel liegen zwischen etwa 2 cm und 10 cm, wobei sich immer Riffel verschiedenster Wellenlängen überlagern. Innerhalb weniger Meter können die Amplituden der Riffel häufig beträchtlich streuen. Die durch die Riffel verursachte Schallemission findet vorwiegend im Frequenzbereich zwischen 500 Hz und 3000 Hz statt (abhängig von der Wellenlänge und der Fahrgeschwindigkeit). Bei Fahrzeugen mit glatten Laufflächen steigt bei vorhandenen Schienenriffel der Schalldruckpegel deutlich stärker an als bei Fahrzeugen mit verriffelten Radlaufflächen. Die Erhöhung kann bis zu 10 dB betragen.

Die folgenden Abbildungen geben Beispiele für diese Zusammenhänge.

Die Zunahme der Schallemission mit zunehmender Riffeltiefe der Schiene zeigt Abb. 5 getrennt für Reisezüge mit Grauguss-Klotzbremsen (mit Radriffel) und für Reisezüge mit Scheibenbremsen (mit glatten Radlaufflächen).

Die Abb. 6a, und Abb. 6b, zeigen beispielhaft die Auswirkungen verriffelter Räder und Schienen im Terzspektrum des Vorbeifahrtgeräusches.

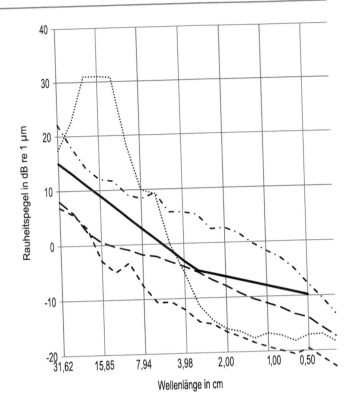

Abb. 4 Beispiele für akustische Rauheiten von Schienen: sehr geringe Rauheit (– – – –), mittlere Rauheit (– – – – – – –), hohe Rauheit (— · — · —) und Schiene mit Schlupfwellen (·········). Vergleichend ist die Grenzkurve für Schienenrauheiten nach [18] (——————) eingezeichnet

Der niedrigste Vorbeifahrtpegel von 95 dB(A) ergibt sich bei riffelfreien Rädern und Schienen (Abb. 6 (a)). Bei Vorliegen von Radriffeln erhöht sich der Vorbeifahrtpegel auf 101 dB(A), bei alleinigem Auftreten von Schienenriffeln erhöht sich der Pegel in ähnlicher Weise auf 102 dB(A) (Abb. 6 (b)). Da die Radriffel in diesem Beispiel kurzwelliger sind als die Schienenriffel, findet die Erhöhung des Luftschalls im Fall von Radriffeln in einem höheren Frequenzbereich statt. Liegen Rad- und Schienenriffel vor, so erhöht sich der Pegel nur noch gering auf 105 dB(A). In den Abbildungen ist zusätzlich zur Frequenz die Riffelwellenlänge eingetragen.

In engen Kurven bilden sich häufig Schlupfwellen auf der Schienenoberfläche der kurveninneren Schiene mit Wellenlängen von ca. 8 cm bis 25 cm und Amplituden von bis zu 0,5 mm aus. Diese verursachen Schallemissionen im Frequenzbereich von ca. 100 Hz–500 Hz. Aufgrund der hier hohen Filterwirkung der A-Bewertung sind die Anteile infolge der Schlupfwellen nur bei starker Ausprägung der Schlupfwellen im Luftschall pegelbestimmend.

Die Auswirkungen der Rauheiten von Rad und Schiene auf den Schalldruckpegel kann anhand des Rauheitseinzahlwertes $L_{\lambda C,A}$ näherungsweise beurteilt werden [29]. Dieser berücksichtigt neben der Filterwirkung des Kontaktes auch die A-Bewertung. Mittels des Einzahlwertes lassen sich Schienen- und Radrauheiten hinsichtlich der Schallemission miteinander vergleichen. Akustische Rauheiten von Rad- und Schiene sind dabei energetisch zu addieren.

Schwingungsentstehung und Schallabstrahlung

Die Rauheitsanregung führt in Abhängigkeit der dynamischen Eigenschaften der Komponenten des Rad-Schiene-Systems, welche häufig über deren Impedanzen Z charakterisiert werden, zu Schwingungen der einzelnen Komponenten. Abb. 7 zeigt ein Beispiel berechneter Impedanzen für die Komponenten eines Schotteroberbaus.

An dem Verhältnis der einzelnen Impedanzen lässt sich das prinzipielle Verhalten der Schwingungsanregung von Rad und Oberbau erkennen. Niederfrequent bis ca. 63 Hz stellt das Rad die

Abb. 5 Zunahme der Schallemission vorbeifahrender Züge in Abhängigkeit von der Riffeltiefe (Ergebnisse von Messungen 25 m seitlich der freien Strecke bei Vorbeifahrt verschiedener Zugarten mit unterschiedlichen Geschwindigkeiten)

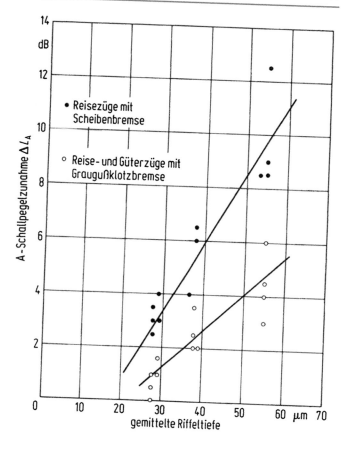

Komponente mit der geringsten Impedanz dar, im mittleren Frequenzbereich bis ca. 1000 Hz liegt die geringste Impedanz auf Seiten des Gleises/Oberbaus/Untergrunds (Gleis, Schwelle und Boden). Oberhalb von 1000 Hz ist die Impedanz der Kontaktsteife am geringsten. Die Rauheitsanregung bedingt den jeweils größten Bewegungsanteil in der jeweiligen weichsten Komponente (geringste Impedanz). Dies bedeutet, dass im niedrigen Frequenzbereich das Rad und im mittleren Frequenzbereich Schwelle und Schiene am stärksten angeregt werden. Im hochfrequenten Bereich verbleibt der größte Energieanteil in der Kontaktfeder.

Über den Abstrahlgrad und die beteiligten Flächen ergibt sich die Größe des abgestrahlten Luftschallanteils. Niederfrequent sind Rad und Schiene schlechte Strahler, weswegen hier die Schwelle dominiert. Im mittleren Frequenzbereich dominiert die Schiene, da sie die größten Bewegungen erfährt und gute Abstrahleigenschaften besitzt, hochfre-

quent ist das Rad aufgrund seiner guten Anregbarkeit gepaart mit der entsprechenden Fläche und einer effektiven Abstrahlung dominierend, obwohl ein Großteil der Bewegungsenergie in der Kontaktfeder verbleibt.

Die am Kontaktpunkt Rad-Schiene entstehenden Schienenschwingungen breiten sich entlang der Schiene aus und werden als Luftschall abgestrahlt. Dabei ist die Dämpfung des Gleises, welche über die Abklingrate (Track-decay rate) TDR beschrieben wird, eine wichtige Einflussgröße auf den Schalldruckpegel neben dem Gleis. Je größer die in dB/m beschriebene Abklingrate ist, umso besser sind die dämpfenden Eigenschaften des Gleises [30] (s. Abschn. 13.5).

Mittels eines Simulationsmodells wurden für die in Abb. 7 dargestellten Impedanzen die anteiligen Schallanteile der einzelnen Komponenten berechnet (Abb. 8).

Der Vorteil von Simulationen liegt vor allem darin, dass die Anteile der einzelnen Quellen stu-

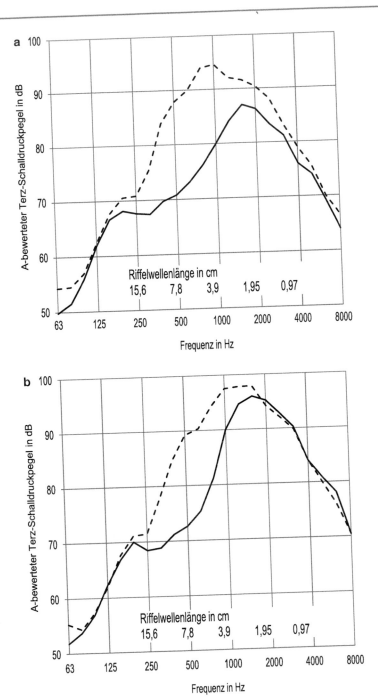

Abb. 6 (a) A-bewerteter Luftschall 7,5 m seitlich (1,5 m über SO) einer freien Strecke ohne und mit Schienenriffel (Riffeltiefe bis 50 μm), bei Vorbeifahrt von (a) Reisezügen mit Scheibenbremsen, mit Zuordnung von Riffelwellenlänge und Frequenz bei der Fahrgeschwindigkeit von 140 km/h. ———— ohne Riffel: 92,5 dB; - - - - mit Riffel: 101,0 dB und (b) Reisezügen mit Grauguss-klotzbremsen, mit Zuordnung von Riffelwellenlänge und Frequenz bei der Fahrgeschwindigkeit von 140 km/h. ———— ohne Riffel: 102 dB(A) - - - - mit Riffel: 105 dB(A)

Abb. 7 Beispiele für die berechneten Impedanzen Z der Einzelkomponenten im Rad/Schiene-Impedanzmodell (RIM) am Beispiel eines Systems mit Schotteroberbau bei Überfahrt eines ICE mit 80 km/h ——— Schiene, —·—·— Schwelle, ·········· Boden, – – – – Rad, ——··——·— Kontakt

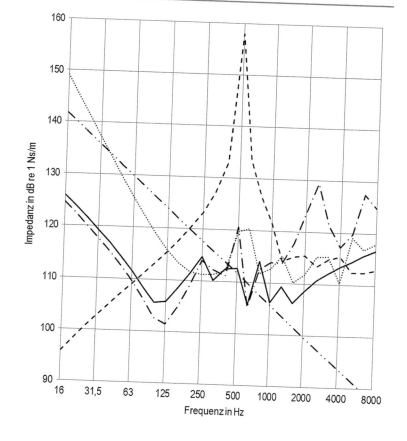

diert werden können, wie es bei Messungen nur sehr schwer möglich ist.

Ebenfalls mit Hilfe von Simulationen wurde gezeigt, dass elastische Zwischenlagen einen Einfluss auf das Rollgeräusch von Zügen auf Schotteroberbau haben können [24]. Dabei wurden die Steifigkeit und die Dämpfung als die beiden wesentlichen Parameter identifiziert. Bei einer geringen Steifigkeit der Zwischenlage trägt die Schiene im höheren Frequenzbereich mehr zum Rollgeräusch bei. Die Abhängigkeit von der Dämpfung lässt sich darüber erklären, dass die Länge der mitschwingenden und damit auch Schall abstrahlenden Schiene bei einer stärker gedämpften Schiene kleiner als bei einer schwach gedämpften Schiene ist. In den letzten Jahren wurden verschiedene europäische Projekte durchgeführt, in denen Zwischenlagen aus schalltechnischer Sicht optimiert worden sind. So konnte z. B. im

Projekt VONA eine Reduktion des Rollgeräuschs von 1 dB bis 4 dB erreicht werden [31]. Allerdings konnte durch Messungen gezeigt werden, dass die in Deutschland eingesetzten weicheren Zwischenlagen (statische Steifigkeit ca. 60 MN/m) bei einer ausreichend hohen Dämpfung akustisch gleichwertig zu den (früher überwiegend eingesetzten) härteren Zwischenlagen (statische Steifigkeit von größer 1000 MN/m) sind [32].

4.2 Aggregatgeräusche

Aggregatgeräusche sind für verschiedene Betriebszustände von hoher Bedeutung: Die Aggregate sind im Stillstand in Bahnhöfen, beim Halten auf freier Strecke und beim Parken/Abstellen die einzigen Geräuschquellen. Beim Anfahren, bei der Fahrt mit geringer Geschwindigkeit und beim elektrischen

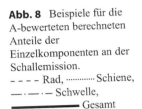

Abb. 8 Beispiele für die A-bewerteten berechneten Anteile der Einzelkomponenten an der Schallemission.
– – – – Rad, ·········· Schiene, —·—·— Schwelle, ———— Gesamt

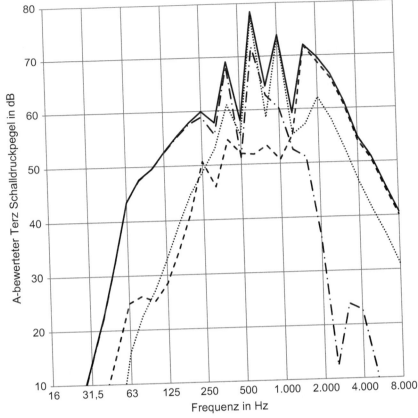

Bremsen ist im Wesentlichen die Schallabstrahlung der Traktionsaggregate relevant. Dies gilt gleichermaßen für den Innen- wie den Außenschall.

In der Abb. 9 sind die relevanten Schallquellen für einen Elektrotriebzug (ETZ) und einen Dieseltriebzug (DTZ) dargestellt:

Abhängig vom Fahrzeugtyp und dem Betriebszustand (Anfahren oder Stillstand) können unterschiedliche Fahrzeugaggregate relevant für die Schallemission sein.

Bei den Fahrzeugaggregaten kann zwischen folgenden Gruppen von Aggregaten unterschieden werden:

- Traktionskomponenten: Die wesentlichen Traktionskomponenten bestehen bei elektrischen Fahrzeugen mit Drehstrommmotor aus Transformator, Umrichter (Traktionsumrichter), Fahrmotor und Getriebe. Bei dieselbetriebenen Fahrzeugen wird die über einen Dieselmotor erzeugte Antriebsleistung elektrisch (über Generator, Umrichter, Fahrmotor und Getriebe), mechanisch oder hydraulisch übertragen. Bei Dieseltriebzügen werden häufig sog. Powerpacks (einbaufertige Antriebseinheiten inkl. der Nebenaggregate) verwendet.

Beim Anfahren oder elektrischen Bremsen von Schienenfahrzeugen sind die Traktionskomponenten für die Geräuschentstehung relevant. Beispielsweise stören bei Triebfahrzeugen mit Drehstromantriebstechnik (wie z. B. dem S-Bahn-Triebzug ET 423) häufig tonhaltige Innen- und Außengeräusche aus dem Antriebsstrang. Hierbei werden aus dem Gleichstromzwischenkreis durch Kaskadenschaltungen die Drehstrom-Sinuswellen treppenförmig mit einer Stufenfrequenz von typisch wenigen Hundert Hz nachgebildet; diese Stufung führt zu einer Magnetkräfteschwankung und damit zu einer Körperschallanregung, die

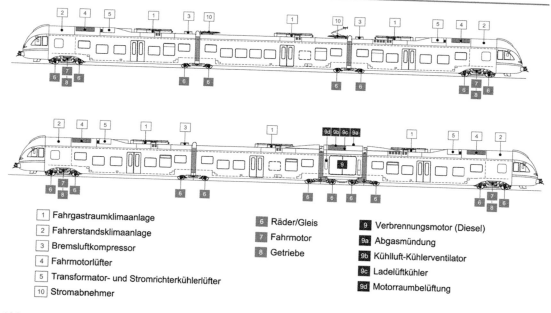

Abb. 9 Schallquellen an einem Elektrotriebzug (ETZ) und einen Dieseltriebzug (DTZ) [33]

eine Luftschallabstrahlung mit der doppelten Stufungsfrequenz verursacht und ggf. Resonanzen in den beteiligten Bauteilen anregt.

- Klima- oder Heizungs-/Lüftungsaggregate für den Innenraum bestehen aus einem Kälteteil und einem Luftbehandlungsteil. Die akustisch relevantesten Komponenten sind der Kompressor zur Verdichtung des Kältemittels, der Kondensatorlüfter und der Innenraumlüfter.
- Kühlung der (Traktions-) Aggregate i. d. R. durch Belüftung (Eigen- oder Fremdbelüftung über Lüfter) über eine Luft-, Öl- oder Wasserkühlanlage. Relevante Schallquellen sind die Lüfter, Kompressoren oder Pumpen (bei Wasserkühlung).
- Druckluftkompressoren zur Erzeugung der Druckluft für die mechanischen Bremsen, Anpressung der Stromabnehmer an die Oberleitung, Öffnen der Türen usw. Druckluftkompressoren emittieren Luft- und Körperschall. Die gängigsten Kompressorbauformen sind Schrauben- und Kolbenkompressor, wobei letzterer höhere dynamische Lagerkräfte bedingt. Neben dem Kompressor selbst stellt das Ausblasen des Kondensats am Lufttrockner über ein Entspannungsventil eine laute impulsförmige Schallquelle dar. Da die Druckluftver-

sorgung bei modernen elektrischen Schienenfahrzeugen auch im geparkten Zustand aufrechterhalten wird, kann dies bei geparkten Schienenfahrzeugen vor allem in der Nacht eine dominante Schallemission darstellen.

- Hilfsaggregate und deren Versorgung (z. B. über Hilfsbetriebeumrichter HBU).

Von den Aggregaten gehen Luft- wie Körperschallemissionen aus.

Die Schallemissionen der einzelnen Aggregate überlagern sich. Hierdurch kann es z. B. zu Verdeckungseffekten oder zu Schwebungseffekten kommen. Schwebungen können bei Betrieb von mehreren gleichen Aggregaten, wie z. B. Kompressoren oder Lüftern, entstehen. Sie werden oft als besonders störend wahrgenommen.

Zur Sicherstellung der Einhaltung der Schallemissionsvorgaben ist eine konstruktionsbegleitende akustische Berechnung in Form eines Akustikmanagements zielführend (s. Abschn. Lärmmanagement).

4.3 Aerodynamische Geräusche

Aerodynamische Geräusche erhöhen sowohl den Außenschall wie auch den Innenschall bei hohen

Abb. 10 Laminare und turbulende Genzschicht bei Umströmung einer Platte [34]

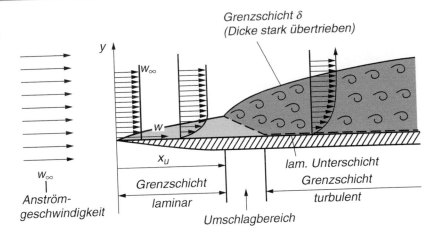

Grenzschicht δ (Dicke stark übertrieben)

Anströmgeschwindigkeit

Grenzschicht laminar

Umschlagbereich

lam. Unterschicht

Grenzschicht turbulent

Fahrgeschwindigkeiten. Insbesondere für das Innengeräusch im Fahrerstand sind aerodynamische Geräusche bei höheren Geschwindigkeiten immer relevant. Die Grundlagen zu aerodynamischen Geräuschen sind in [24] ausführlich dargestellt.

Bei Fahrt wird die Außenkontur des Zuges von der Luft umströmt. Direkt an der Oberfläche des Zuges ist die Luftgeschwindigkeit identisch zur Fahrgeschwindigkeit des Zuges, in größerer Entfernung zur Außenkontur des Zuges ist die Luftgeschwindigkeit gering. Bei hohen Geschwindigkeiten bildet sich zunächst eine laminare Grenzschicht (parallele Strömung) kurz danach eine turbulente Grenzschicht um den Zug herum aus (s. Abb. 10). Der Abstand der Zugoberfläche von dem Punkt der Strömung, an dem die Geschwindigkeit 99 % der freien Strömungsgeschwindigkeit erreicht, entspricht der Dicke der turbulenten Grenzschicht.

Messungen der Dicke der Grenzschicht ergaben einen relativ konstanten Wert von 2 m entlang des Zuges. Im Bereich der Drehgestelle nimmt die Dicke der Grenzschicht jedoch deutlich zu [24]. Andere Quellen berichten von einer Zunahme der Dicke der Grenzschicht über die Zuglänge [35].

Die Schallabstrahlung einer turbulenten Strömung kann über die Lighthillsche Analogie als Quadrupolquelle in einem ruhenden Medium beschrieben werden, wobei zu beachten ist, dass Quadrupole im Allgemeinen keine besonders effizienten Schallabstrahler darstellen.

Weitere aerodynamische Schallquellen, welche gemäß der Lighthillschen Analogie als Dipole betrachtet werden können und damit effizienter Schall abstrahlen sind für das Außengeräusch von höherer Relevanz:

- Zylindrische Objekte, wie z. B. Handstangen oder Stromabnehmer. Die Umströmung zylindrischer Körper kann periodische Wirbelablösungen (Karmannsche Wirbelstraße) und damit tonalen Schall erzeugen.
- Strömung über Unterbrechungen der Wagenkastenstruktur (Übergangsbereich oder Drehgestellbereich) kann ein Ablösen und Wiederanlegen der Strömung und damit einen breitbandigen Strömungsschall erzeugen.
- Die Strömung über Kavitäten kann eine resonante Anregung der Luft in der Kavität bedingen und tonalen Schall erzeugen.

Im Rahmen der Fahrzeugkonstruktion können numerische Strömungsberechnungen sowie Windkanalversuche zur Optimierung der Außenkontur des Schienenfahrzeugs eingesetzt werden.

Zum Beispiel ergaben Versuche in einem Windkanal mit einem aerodynamisch günstig gestalteten und aktiv geregelten Stromabnehmer eine Schallminderung von 4 dB(A) [36].

Die aerodynamischen Quellen bedingen ein starkes Ansteigen des Vorbeifahrtpegels $L_{pAeq,Tp}$ bei hohen Fahrgeschwindigkeiten (siehe Gl. 3).

5 Schallemissionsdaten von Schienenfahrzeugen

Der gängigen Einteilung nach TSI Lärm folgend werden Schienenfahrzeuge in folgende Kategorien eingeteilt:

a) Elektrische Lokomotiven (E-Loks),

b) Diesellokomotiven (D-Loks), häufige Konstruktionsformen sind dieselelektrische und dieselhydraulische Lokomotiven,

c) Elektrische Triebzüge (ETZ), (sowohl Hochgeschwindigkeitszüge als auch Regionalzüge und S-Bahnen),

d) Dieseltriebzüge (DTZ), (meistens Regionalzüge),

e) Reisezugwagen,

f) Güterwagen (verschiedene Bauarten, mit Klotzbremsen oder selten Scheibenbremsen).

Weitere spurgebundene Fahrzeuge sind Magnetbahnen (Transrapid 07, siehe z. B. [37] und [38]).

Hinsichtlich der Betriebszustände wird häufig zwischen dem Standgeräusch (dominiert von den Haupt- und Hilfsaggregaten), dem Anfahrgeräusch (an der Traktion beteiligte Aggregate) und dem Vorbeifahrtgeräusch (hauptsächlich Rollgeräusch) unterschieden.

Die Fahrzeugentwicklung und das faktische Verbot von Grauguss-Klotzbremsen bei Neufahrzeugen (aufgrund der Anforderungen der TSI Lärm) bedingt, dass moderne Schienenfahrzeuge häufig deutlich leiser sind als ältere Generationen. In diesem Kapitel wird daher eine Unterscheidung zwischen Bestandsfahrzeugen und Neufahrzeugen getroffen.

5.1 Neufahrzeuge

Seit Einführung der TSI Lärm müssen Schienenfahrzeuge auf dem europäischen Streckennetz europaweite Anforderungen an die Schallemission erfüllen. Die Fahrzeuge werden im Rahmen der Zulassung auf speziellen und aus akustischer Sicht guten Gleisen unter definierten Betriebsbedingungen und festgelegten Messbedingungen akustisch vermessen. Im Rahmen eines Forschungsvorhabens für das Umweltbundesamt [22] wurden die akustischen Kenngrößen von zahlreichen Schienenfahrzeugen gesammelt und ausgewertet. Statistische Kenngrößen von Schienenfahrzeugen, die nach der TSI Lärm aus dem Jahre 2006 [15] zugelassen wurden, sind in der Tab. 1 zusammengefasst. Die Messwerte wurden i. d. R. im Abstand von 7,5 m zur Gleismitte gewonnen. Messgröße für das Vorbeifahrtgeräusch ist der $L_{p\text{Aeq},Tp}$ für das Anfahrgeräusch der $L_{p\text{AFmax}}$ sowie für den Stand der $L_{p\text{Aeq},T}$. Keines der ausgewerteten Fahrzeuge war mit Grauguss-Klotzbremsen ausgerüstet.

Die Vorbeifahrtpegel der angegebenen Schienenfahrzeuge wurden ausschließlich auf Referenzgleisen nach TSI Lärm ermittelt. Auf Betriebsgleisen mit ungünstigeren akustischen Eigenschaften kann die Schallemission höhere Werte als in Tab. 1 aufweisen.

5.2 Bestandsfahrzeuge

Abb. 11 zeigt exemplarisch Bereiche des mittleren Vorbeifahrtpegels älterer Schienenfahrzeuge der Deutschen Bahn in 25 m Entfernung von Gleismitte, 3,5 m über Schienenoberkante (SO) (Messwerte basierend auf [39]). Die Bremsbauart und die Fahrgeschwindigkeit der Fahrzeuge sind jeweils angegeben.

Hochgeschwindigkeitszüge

Im Rahmen der Einführung der TSI für den Hochgeschwindigkeitsverkehr wurden im Projekt NOEMIE Messungen der Vorbeifahrtpegel für verschiedene Hochgeschwindigkeitszüge aus unterschiedlichen Ländern in Abhängigkeit von der Fahrgeschwindigkeit durchgeführt [40]. Abb. 12 zeigt die Ergebnisse für einige Züge, die an verschiedenen Messorten gemessen wurden. Die Messstrecken erfüllten die Anforderungen an Referenzgleise gemäß TSI Lärm.

In dem untersuchten Geschwindigkeitsbereich folgt die Schalldruckpegelzunahme mit guter Näherung der Gleichung $\Delta L_p = 45 \log(v/v_0)$.

Tab. 1 Akustische Kenngrößen von nach TSI Lärm 2006 zugelassenen Fahrzeugen [22]

Kategorie	Geräusch	TSI Grenzwert dB(A)	Mittelwert dB(A)	Standard-abweichung dB	Mittelwert der leisesten 33 %	Median dB(A)	unteres Quartil dB(A)	oberes Quartil dB(A)	Anzahl Daten (Insgesamt 378)
Diesellok	Standgeräusch	75	68,1	2,8	64,7	69,0	65,5	70,5	33
	Anfahrgeräusch $P \geq 2000$ kW	89	82,7	3,3	79,5	82,5	81,0	84,0	16
	Anfahrgeräusch $P < 2000$ kW	86	83,4	2,1	81,2	84,0	82,5	85,0	18
	Fahrgeräusch 80 km/h	85	83,7	1,5	81,9	84,0	82,5	85,0	21
Elektrolok	Standgeräusch	75	62,2	4,3	57,8	61,0	57,8	66,3	12
	Anfahrgeräusch $P \geq 4500$ kW	85	81,9	1,2	80,7	82,0	81,0	82,5	9
	Anfahrgeräusch $P < 4500$ kW	82	80,3	0,6	80,0	80,0	-	-	3
	Fahrgeräusch 80 km/h	85	83,5	1,4	82,3	84,0	82,5	84,3	10
ETZ	Standgeräusch	68	55,4	5,0	50,5	55,0	52,0	59,0	33
	Anfahrgeräusch	82	73,8	3,2	70,9	72,0	71,0	76,5	33
	Fahrgeräusch 80 km/h	81	76,2	1,4	74,9	76,0	75,0	77,0	24
DTZ	Standgeräusch	73	66,9	4,0	62,4	68,5	63,0	70,0	14
	Anfahrgeräusch $P \geq 500$ kW	85	79,4	3,3	77,0	77,0	77,0	83,0	5
	Anfahrgeräusch $P < 500$ kW	83	81,1	2,1	78,7	82,0	79,5	83,0	9
	Fahrgeräusch 80 km/h	82	78,9	2,4	77,0	79,0	78,0	80,5	10
Reisezug	Standgeräusch	65	60,1	4,7	57,0	62,0	59,0	63,0	7
	Fahrgeräusch 80 km/h	80	76,8	0,8	76,0	77,0	76,0	77,5	5
Güterwagen	Standgeräusch	65	-	-	-	-	-	-	0
	neue Wagen, apl bis 0,15 1/m, 80 km/h	82	78,2	2,8	75,5	78,5	76,8	80,3	6
	neue Wagen, apl über 0,15 1/m bis 0,275 1/m, 80 km/h	83	80,1	2,4	77,5	80,0	78,0	82,0	43
	neue Wagen, apl über 0,275 1/m, 80 km/h	85	80,9	2,8	77,6	81,5	78,3	83,0	32
	umgerüstete Wagen, apl bis 0,15 1/m, 80 km/h	84	83,0	-	-	-	-	-	1
	umgerüstete Wagen, apl über 0,15 1/m bis 0,275 1/m, 80 km/h	85	-	-	-	-	-	-	0
	umgerüstete Wagen, apl über 0,275 1/m, 80 km/h	87	-	-	-	-	-	-	0
	neue Wagen, apl bis 0,15 1/m, 190 km/h umgerechnet 80 km/h	82	80,0	0,0	80,0	-	-	-	2
	neue Wagen, apl über 0,15 1/m bis 0,275 1/m, 190 km/h umgerechnet 80 km/h	83	81,9	1,1	81,0	82,0	81,8	83,0	14
	neue Wagen, apl über 0,275 1/m, 190 km/h umgerechnet 80 km/h	85	81,7	2,9	78,7	83,0	80,0	83,5	17
	umgerüstete Wagen, apl bis 0,15 1/m, 190 km/h umgerechnet 80 km/h	84	83,0	-	-	-	-	-	1
	umger. Wagen, apl über 0,15 1/m bis 0,275 1/m, 190 km/h umgerechnet 80 km/h	85	-	-	-	-	-	-	0
	umgerüstete Wagen, apl über 0,275 1/m, 190 km/h umgerechnet 80 km/h	87	-	-	-	-	-	-	0

apl = Anzahl der Radsätze geteilt durch die Länge über Puffer

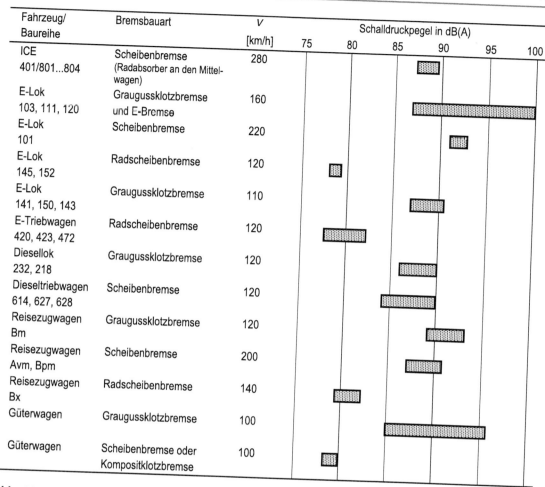

Fahrzeug/ Baureihe	Bremsbauart	v [km/h]	Schalldruckpegel in dB(A)
ICE 401/801...804	Scheibenbremse (Radabsorber an den Mittelwagen)	280	
E-Lok 103, 111, 120	Graugussklotzbremse und E-Bremse	160	
E-Lok 101	Scheibenbremse	220	
E-Lok 145, 152	Radscheibenbremse	120	
E-Lok 141, 150, 143	Graugussklotzbremse	110	
E-Triebwagen 420, 423, 472	Radscheibenbremse	120	
Diesellok 232, 218	Graugussklotzbremse	120	
Dieseltriebwagen 614, 627, 628	Scheibenbremse	120	
Reisezugwagen Bm	Graugussklotzbremse	120	
Reisezugwagen Avm, Bpm	Scheibenbremse	200	
Reisezugwagen Bx	Radscheibenbremse	140	
Güterwagen	Graugussklotzbremse	100	
Güterwagen	Scheibenbremse oder Kompositklotzbremse	100	

Abb. 11 Bereiche der mittleren Vorbeifahrtpegel von Schienenfahrzeugen der Deutschen Bahn AG, gemessen 25 m seitlich (3,5 m über SO) der freien Strecke bei den angegebenen, jeweils fahrzeugtypischen Fahrgeschwindigkeiten, auf Schienenfahrflächen mit einer Riffeltiefe < 20 µm

Einen Vergleich der Terzspektren für die Hochgeschwindigkeitszüge ICE 1, TGV Lyon, Magnetschwebebahn Transrapid TR 07 und X 2000 zeigt die Abb. 13 [39]. Die Vorbeifahrtpegel der untersuchten Hochgeschwindigkeitszüge werden durch Anteile bei ca. 2 kHz dominiert.

Beispielhaft für einen Hochgeschwindigkeitszug mit Triebköpfen zeigt Abb. 14 den Pegel-Zeitverlauf des Vorbeifahrtgeräusches eines ICE 1 in verschiedenen Messabständen. Die Triebköpfe des ICE 1 sind im Vergleich zu den mit Radschallabsorbern ausgestatteten Mittelwagen lauter. Die Triebköpfe strahlen darüber hinaus Aggregatgeräusche und bei Geschwin-

digkeiten ≥ 250 km/h auch aerodynamische Geräusche ab.

Lokomotiven

Die Vorbeifahrtpegel von Dieselloks und E-Loks mit verschiedenen Bremssystemen bei ihren maximalen Geschwindigkeiten mit Streubereichen zeigt Abb. 11. Die folgende Tab. 2 enthält für einige Lokomotivtypen die Schallpegel des Standgeräusches (bei maximaler Leistung der Hilfsbetriebe (Lüfter usw.), des Anfahrgeräusches (Volllast) und des Vorbeifahrtgeräusches, jeweils gemessen in 25 m Entfernung und 3,5 m über S0. Die Abb. 15 zeigt Schalldruckpegelspektren für eine Diesellokomotive der Baureihe 218.

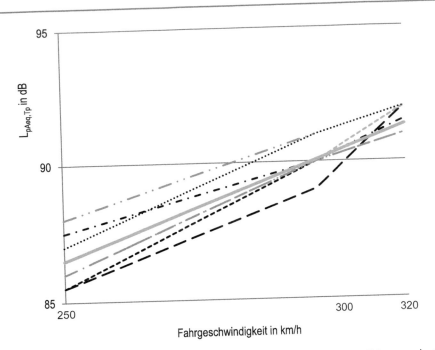

Abb. 12 Vorbeifahrtpegel von Hochgeschwindigkeitszügen 25 m seitlich des jeweiligen Fahrweges in Abhängigkeit von der Zuggeschwindigkeit, zum Vergleich ist der Zusammenhang der Pegelzunahme mit der Geschwindigkeit gemäß $45 \log(v/v_0)$ ──── eingetragen

Nr.	Zugtyp	Messstrecke	
1	TGV Thalys	Frankreich	· · · · · · ·
2	TGV Duplex	Frankreich	- - - - - - -
3	ICE3 (BR406)	Frankreich	-·-·-·-·-
4	ICE3 (BR406)	Deutschland	── ──
5	AVE	Spanien	──·──·──
6	ETR500	Italien	──··──··──

Reisezugwagen

In Abb. 16 sind u. a. die Spektren des Vorbeifahrtgeräusches von Reisezugwagen mit Klotzbremsen bzw. mit Scheibenbremsen enthalten [41].

Die deutliche Pegelanhebung im Frequenzbereich 800 Hz bis 2500 Hz ist auf die Radriffel zurückzuführen. Bei Halbierung der Fahrgeschwindigkeit verschiebt sich beim Reisezugwagen mit Klotzbremsen die Lage dieser Pegelanhebung um 1 Oktave nach unten.

Güterwagen

Die Spannweite der Schallpegel des Vorbeifahrtgeräusches von Güterwagen mit Graugussklotzbremsen in 25 m Entfernung (3,5 m über SO) reicht bei einer Geschwindigkeit von 80 km/h von 84 dB(A) bis etwa 95 dB(A). Die Pegelanhebung durch Radriffel ist wegen der niedrigeren Fahrgeschwindigkeit zu mittleren Frequenzen hin verschoben.

Bei Güterwagen, deren Bremsanlage auf Verbundstoffklotzbremse (K-Sohle und LL-Sohle) umgerüstet werden, erreichen die Vorbeifahrtpegel ein ähnliches Niveau wie bei serienmäßig mit Verbundstoffklotzbremse ausgerüsteten Güterwagen.

6   Minderungsmaßnahmen

Schallmindernde Maßnahmen können an der Quelle (Schienenfahrzeug, Oberbau) wie auch im Übertragungsweg (Schallschutzwand, Schall-

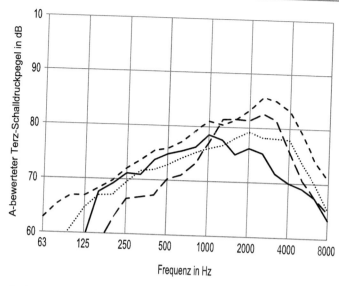

Abb. 13 A-bewerteter Luftschall 25 m seitlich der freien Strecke bei Vorbeifahrt europäischer Hochgeschwindigkeitszüge [39]. Der X2000 wurde bei einer deutlich geringeren Geschwindigkeit als die anderen Züge gemessen

Symbol	Zugart	Messhöhe in m über Grund über Fahrweg bzw. SO		Geschwindigkeit km/h	A-bewerteter Summenpegel dB
‑‑‑‑‑‑‑‑	TGV-A[a]	3,5	4,0	305	92,5
‑ ‑ ‑ ‑	X2000[b]	3,5	5,0	220	89,5
··········	ICE 1[b]	3,5	5,0	280	87,5
‑‑‑‑‑‑	Magnetschwebebahn Transrapid 07	-4,7	3,5	305	86,5

[a] Fahrt auf Schotteroberbau mit Biblockschwellen der französischen Staatsbahn;

[b] Fahrt auf Schotteroberbau mit Monoblockschwellen der Deutschen Bahn

schutzfenster) angewandt werden, wobei Maßnahmen an der Quelle i. d. R. die effizientesten Maßnahmen darstellen [42]. Ein ausführlicher Überblick über Schallminderungsmaßnahmen findet sich z. B. in [22].

6.1 Maßnahmen an Fahrzeug und Oberbau

Rollgeräusch

Minderung des Rollgeräusches
Mögliche Minderungsmaßnahmen sind in der Abb. 17 zusammen mit den Mechanismen der Schallentstehung angegeben.

Eine **Minderung der Rauheitsanregung** muss an der dominierenden Teilrauheit (Rad oder Schiene) ansetzen.

Fahrzeugseitig ist hier in erster Linie die Sicherstellung einer geringen Rauheit der Radlaufflächen, z. B. durch die Umrüstung von Fahrzeugen mit Grauguss-Klotzbremse auf K-Sohle, LL-Sohle oder Scheibenbremsen, zu nennen. Die Minderungswirkung ist abhängig vom Schienenzustand und kann Werte zwischen ca. 10 dB (gutes Gleis) und 2 dB (verriffeltes Gleis) annehmen. Bei Güterzügen ist zusätzlich zu beachten, dass die Minderungswirkung stark von der Anzahl der Fahrzeuge mit Grauguss-Klotzbremse im Zugverbund abhängig ist. Die Umrüstung lediglich einzelner Fahrzeuge in einem Zugverbund erzielt keine signifikante Verringerung der Schallemission.

Schleifverfahren zur Verbesserung der akustischen Qualität der Schiene können ebenfalls eine Wirkung zwischen ca. 2 dB bis 10 dB erzielen. Die Wirkung ist maßgeblich von der akustischen

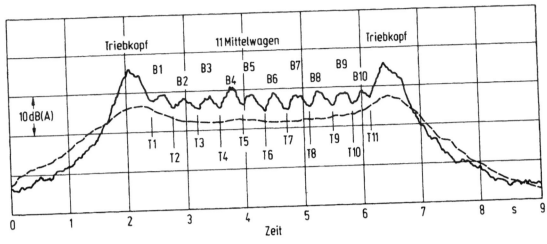

Abb. 14 Zeitverlauf des A-bewerteten Schalldruckpegels in verschiedenen Entfernungen vom Gleis, bei Vorbeifahrt eines ICE 1 mit einer Geschwindigkeit von 250 km/h. ▬▬▬▬ 7,5 m seitlich, 1,2 m über SO; - - - - 25 m seitlich, 3,5 m über SO; Triebköpfe ohne Radschall- absorber und mit aerodynamischem Geräusch der Strom- abnehmer; B1 ... B10: „Pegelberge" = Vorbeifahrt von Drehgestellpaaren (Räder mit Radschallabsorber); T1 ... T11: „Pegeltäler" = Vorbeifahrt von Wagenmittelteilen

Tab. 2 Schallabstrahlung von Lokomotiven in 25 m seitlicher Entfernung (gemittelt über bis zu 3 verschiedene Exemplare)

Loktyp Baureihe	Bremssystem	Schallpegel in dB(A)			Vorbeifahrt-Geschwindigkeit km/h
		Stand	Anfahrt	Vorbeifahrt	
101[a]	Scheibenbremse, E-Bremse	77	—	91	220
120[a]	Grauguss-Klotzbremse, E-Bremse	79	83	89	200
143[a]	Grauguss-Klotzbremse, E-Bremse	75	75	84	120
145[a]	Radscheibenbremse, E-Bremse	—	—	81	140
152[a]	Radscheibenbremse, E-Bremse	—	—	80	140
218[b]	Grauguss-Klotzbremse	84	86	91	140
232[b]	Grauguss-Klotzbremse	—	86	88	120
290[b]	Grauguss-Klotzbremse	75	83	84	80

[a]Elektrische Lokomotiven
[b]Diesel-Lokomotiven

Schienenrauheit vor dem Schleifen und der akustischen Radrauheit abhängig.

Mit den folgenden Schleifverfahren kann eine besonders gute Fahrflächenqualität der Schienen erreicht werden:

1. Schleifen mit rotierenden Schleifscheiben und anschließendes Bandschleifen;
2. Fräsen bzw. Hobeln der Schienen und anschließendes Schleifen mit oszillierenden Rutschersteinen;
3. Hochgeschwindigkeitsschleifen (HSG) [43].

Die Schleifverfahren nach 1. und 2. werden auch als „akustisches Schleifen" bezeichnet und sind durch das Eisenbahn-Bundesamt für die Lärmminderungsmaßnahme „Besonders überwachtes Gleis" (BüG) anerkannt [44].

Maßnahmen zur **Verringerung der Schwingungsentstehung** sind eine höhere Steifigkeit des Rades (Verschiebung relevanter Schwingungsmoden in einen höherfrequenten Bereich geringerer akustischer Relevanz), die Entkopplung der Axialmoden des Rades von den Radialmoden oder dämpfende Maßnahme (Radschallabsorber, Dämp-

Abb. 15 A-bewerteter Luftschall 25 m seitlich (3,5 m über SO) der Diesellok, Baureihe 218, bei freier Schallausbreitung (gemittelt über 3 Loks):

Standgeräusch 84 dB(A);

– – – – Anfahrgeräusch 86 dB(A);

—··—··— Vorbeifahrtgeräusch 92 dB(A); (v = 140 km/h)

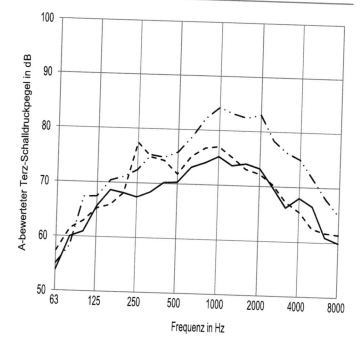

fungsringe, eingezwängter Belag (constrained layer) oder Schienenstegdämpfer).

Die Entkopplung von Drehgestell und Aufbau darf, insbesondere bei Güterwagen, nicht unberücksichtigt bleiben. Die Entkopplung kann durch eine Optimierung der Federung erfolgen. Kunststoff- oder Elastomer-Zwischenlagen in der Fahrzeugfederung können die Körperschallübertragung beim Kontakt Stahl-Stahl verringern.

Für die **Verminderung der Schallabstrahlung** können Maßnahmen zur Abschirmung oder zur Verkleinerung der abstrahlenden Fläche umgesetzt werden. Für das Rad sind dies z. B. Schürzen, Vorsatzscheiben, Radscheibenbremsen, eingezwängter Belag oder Speichenräder, für die Schiene z. B. Schienenstegabschirmungen. Bei Minderungsmaßnahmen, die auf Abschirmung basieren, ist zu beachten, dass aus betriebstechnischen Gründen immer akustisch offene Spalten verbleiben müssen, wodurch die Lärmminderung begrenzt ist.

Schallminderungsmaßnahmen wurden in zahlreichen Projekten untersucht. Der Versuch mit einer sehr aufwendigen, akustisch optimierten, jedoch für den Eisenbahnbetrieb untauglichen Verkleidung des gesamten Bereiches der Laufwerke an einer E-Lok

der Baureihe 103 brachte nur eine Verringerung des Rollgeräusches um 2 dB(A) [45, 46]. Mit betriebstauglichen Verkleidungen wäre der Effekt deutlich kleiner. Aufwendige schallabsorbierende Verkleidungen der Drehgestelle von Reisezugwagen (akustisch optimal, aber für den Dauerbetrieb ungeeignet) [46] brachten eine Pegelminderung von nur etwa 2 dB(A). Spätere Untersuchungen an Güterwagen kamen zu vergleichbaren Ergebnissen [47].

Bei Anwendung schallreduzierender Maßnahmen ist immer zu berücksichtigen, dass Schall sowohl vom Schienenfahrzeug wie auch vom Fahrweg abgestrahlt wird. Werden Maßnahmen nur am Fahrzeug (z. B. Radschallabsorber oder Schürzen) oder nur am Fahrweg (z. B. Schienenstegdämpfer oder Schienenstegabschirmung) durchgeführt und haben beide Teilsysteme die gleiche Schallemission, so beträgt die maximal erreichbare Schallminderungswirkung 3 dB(A).

Messtechnisch ermittelte Schallminderungswirkungen Eine zuverlässige und reproduzierbare Bewertung der Wirkung einer Minderungsmaßnahme ist im Allgemeinen nur möglich, wenn experimentelle Vorbeifahrtmessungen durchge-

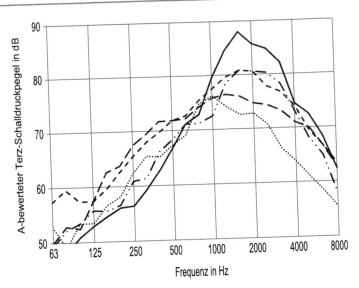

Abb. 16 A-bewerteter Luftschall 25 m seitlich (3,5 m über SO) der freien Strecke bei Vorbeifahrt verschiedener Zugarten mit den jeweils typischen mittleren Geschwindigkeiten

Symbol	Zugart	gemittelte Zugzahl	$\overline{v}$ km/h	A-bewerteter Summenpegel dB
————	Reisezüge mit Grauguss-Klotzbremsen	10	140	92,5
-----------	ICE 1- und ICE 2-Züge (Triebköpfe ohne, Mittelwagen mit Radschallabsorber)	6	250	88
_··_··_··_	IC - Züge mit Scheibenbremsen, (inkl. Lok mit Grauguss - Klotzbremsen)	10	160	87,5
— — — —	Güterzüge mit Grauguss-Klotzbremsen	28	100	85
··········	S-Bahnen ET 420 und ET 472 mit Radscheibenbremsen	12	120	82,5

führt werden und der Vorbeifahrtpegel als Beurteilungsgröße herangezogen wird. Dabei ist bei der Versuchsplanung auf die Kontrolle der akustisch relevanten Randbedingungen (siehe auch Abschn. 13.6) zu achten. Der damit verbundene Aufwand wird oft gescheut, mit dem Ergebnis, dass die dann ermittelten Minderungen nicht als valide betrachtet werden können. Genauso erfassen Labor- oder numerische Untersuchungen nur einen Teil der gesamten Schallentstehungs- und Schallübertragungsmechanismen und dienen hauptsächlich zum Studium von Effekten, jedoch nicht zur abschließenden Bewertung von Schallminderungen.

Die in nachfolgender Tab. 3 genannten Minderungswirkungen verschiedener Maßnahmen basieren auf Messungen, bei denen die akustischen Randbedingungen (akustische Schienenrauheiten und Abklingraten, akustische Radrauheiten, akustische Umgebung) erfasst und bei der Auswertung berücksichtigt wurden.

Die ermittelten Schallminderungswirkungen sind auch von der Höhe des Radanteils und des Schienenanteils an der Schallemission abhängig und können daher an einer anderen Stelle oder bei einem anderen Zug unterschiedlich ausfallen. Nichtsdestotrotz kommen die meisten der durchgeführten Untersuchungen zu vergleichbaren Ergebnissen.

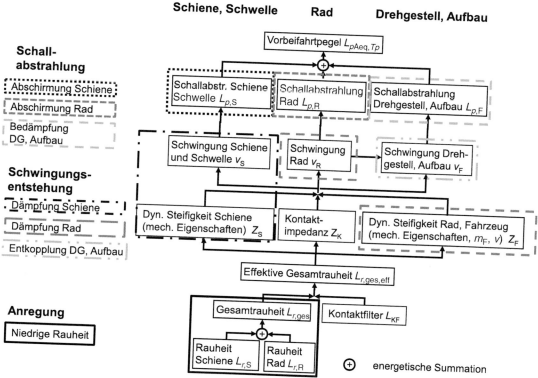

Abb. 17 Prinzipielle Maßnahmen zur Minderung des Rollgeräusches und deren Wirkmechanismus

Tab. 3 Minderung der Gesamt-Schallemission verschiedener Maßnahmen in dB(A) [22, 43]

Maßnahme	HGV	Konventioneller Verkehr (insbes. Güterwagen)	Kommentar
Optimierung der Radgeometrie	1–2	0–1	
Radschallabsorber	1–5	1–2	
Constrained layer	1–5	–	
Schürzen	–	1–2	
Schienenstegdämpfer	–	0–2	Bei sehr weichen und gering gedämpften Zwischenlagen sind größere Minderungswirkungen möglich
Schienenstegabschirmung	–	0–3	

—— keine validierten Ergebnisse

Die Kombination von Rad- und Schienendämpfern (gedämpftes Rad auf gedämpfter Schiene) bedämpft beide für die Schallabstrahlung relevanten Teilsysteme und verspricht eine größere Reduktion des Rollgeräusches von 5 dB bis 8 dB [31, 48].

Aggregatgeräusche

Die Aggregatgeräusche können durch akustische Maßnahmen, wie z. B.

- bedarfsgerechte Steuerung der Lüfterdrehzahlen,
- akustisch optimierte Lüfterblätter,

- Optimierung des Kühlkonzeptes,
- Schalldämpfer,
- Wasserkühlung,
- Kapselung der Aggregate,
- Optimierung der Pulsmuster elektrischer Umrichter (Wahl von Frequenzen die keine Resonanzen anregen, bzw. höhere Stufenfrequenzen, welche die Stufungssprünge und damit die Kräfteschwankungen reduzieren und auch die Dämmung prinzipiell einfacher gestalten),
- Verringerung der Schallabstrahlung der Gehäuse von Getriebe und Motor,

signifikant vermindert werden. Wichtig ist, dass die Maßnahmen im Sinne eines Lärmmanagements der akustisch relevanten Quellen [49–52] bereits in einem frühen Stadium der Fahrzeugkonstruktion berücksichtigt und mit den anderen beteiligten Gewerken abgestimmt werden.

6.2 Maßnahmen im Ausbreitungsweg, aktive Schallschutzmaßnahmen

Wichtigste Elemente des aktiven Schallschutzes (die Bezeichnung „aktiv" hat sich beim Schienenverkehr für quellnahe Minderungsmaßnahmen eingebürgert und beinhaltet auch einige unter Abschn. 6.1 genannte Maßnahmen am Oberbau, wie z. B. Schienenstegdämpfer) an Schienenwegen oder allgemein an Bahnanlagen sind Schallschutzwände und Schallschutzwälle.

In [53] wird der „Schallschutz durch Abschirmung im Freien" ausführlich behandelt.

Weitere Hinweise zu allgemeinen Grundlagen findet man auch in [53] und [54]. Bei der Ermittlung der Abschirmwirkung von Schallschutzwänden und -wällen ist die Frequenzabhängigkeit des Abschirmmaßes zu berücksichtigen.

Schallschutzwände / niedrige Schallschutzwände Schallschutzwände (SSW) werden aus unterschiedlichen Materialien hergestellt. Bei der Deutschen Bahn existieren Wände aus Beton, Kunststoff, Aluminium, Ziegelsteinen, Holz und aus Mischprodukten sowie Gabionenwände (Schallschutzwände aus mit Steinen gefüllten Drahtkörben) mit einem Betonkern.

„Niedrige SSW" haben eine Höhe von nur 0,55 m bzw. 0,74 m über Schienenoberkante. Dadurch können sie – ohne den Regellichtraum zu verletzen – wesentlich näher am Gleis errichtet werden.

Bei Schallschutzwänden mit einer Schallpegelminderung von bis zu 15 dB(A) sind nach [55] die Mindestwerte des Schalldämmmaßes und des Schallabsorptionsgrades (auf der der Schallquelle zugewandten Wandseite) gemäß Tab. 4 einzuhalten.

Bei höheren Schallminderungen sind entsprechend höhere Dämmwerte einzuhalten. Bei Betonwänden mit der üblichen Tragbetonschicht von mindestens 8 cm Dicke ist das Schalldämmmaß in jedem Fall ausreichend.

Die Verfahren zur Prüfung der o. g. Anforderungen sind ebenfalls in [55] angegeben.

Wie aus Abb. 18 zu ersehen ist, sind reflektierende Wände seitlich von Schienenwegen (wegen des dort geringen Abstandes zwischen Fahrzeugseitenwand und SSW) ungünstig, da sich hierbei durch Auftreten von Mehrfachreflexionen zwischen SSW und Zug die Wirkung der SSW wesentlich verschlechtert: Eine Verminderung der Wirkung der Wand um ca. 3 dB(A) in üblichen Situationen (aber sogar bis zu 7 dB bei sehr großem Schirmwert z) wurde nachgewiesen.

Schallpegelerhöhungen auf der gegenüberliegenden Seite der SSW, verursacht durch Reflexionen an der SSW, sind nicht zu befürchten, da diese Reflexionen vom vorbeifahrenden Zug selbst größtenteils abgeschirmt werden, wie durch Messungen

Tab. 4 Mindestwerte des Schalldämmmaßes und des Schallabsorptionsgrades von Schallschutzwänden nach [55]

Frequenz [Hz]	100	125	250	500	1000	2000	4000
Schalldämmmaß R [dB]	10	12	18	24	30	35	35
Schallabsorptionsgrad α_s	0,2	0,3	0,5	0,8	0,9	0,9	0,8

Abb. 18 Veranschaulichung des Einflusses von Mehrfachreflexionen auf die Schirmwirkung einer reflektierenden („schallharten") Schallschutzwand

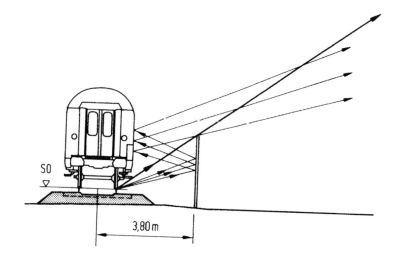

Abb. 19 A-bewerteter Luftschall 25 m seitlich (3,5 m über SO) der freien Strecke ohne und mit Schallschutzwand, bei Vorbeifahrt von Güterzügen mit einer Geschwindigkeit von 85 bis 100 km/h. ——— ohne SSW: 86 dB; - - - - mit SSW ($h = 2,0$ m über SO): 74 dB

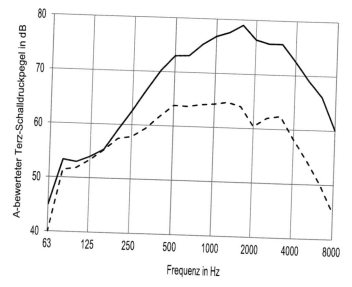

nachgewiesen wurde. Reisezüge schirmen die Reflexionen ganz ab, Güterzüge teilweise.

Abb. 19 zeigt das gemittelte Spektrum des Fahrgeräusches von Güterzügen ohne und mit SSW [39].

Abb. 20 zeigt den zeitlichen Verlauf des Schalldruckpegels bei der Vorbeifahrt eines Güterzugs für Immissionsorte in 25 m Entfernung, mit und ohne SSW, bei einer Wandhöhe von 2 m über Schienenoberkante sowie einem Abstand zwischen Wand und Gleismitte des befahrenen Gleises von 4,5 m.

Die Pegelminderung ΔL durch eine SSW hängt vom Schirmwert z und der Überstandslän-

ge, d. h. der Länge der SSW die über den Immissionsort hinausreicht, ab. Die Ermittlung des z-Wertes ist in Abb. 21 dargestellt.

Die Abschirmwirkung ergibt sich vereinfacht zu

$$\Delta L = 10 \cdot \lg(3 + 60 \cdot z) \qquad (4)$$

Durch die bei Schienenverkehrsgeräuschen vorhandene Richtwirkung ergeben sich an Schienenwegen geringere erforderliche Überstandslängen der SSW als an Straßen [53].

Weiterentwickelte Berechnungsverfahren für die Abschirmwirkung von SSW finden sich

Abb. 20 Zeitverlauf des A-Schalldruckpegels 25 m seitlich einer freien Strecke ohne und mit Schallschutzwand (Wandhöhe $h = 2$ m bezogen auf SO) bei Vorbeifahrt eines Güterzuges mit einer Geschwindigkeit von 85 km/h. 1 ohne Schallschutzwand, Messhöhe 3,5 m über SO; 2 mit Schallschutzwand, Messhöhe 3,5 m über SO; 3 mit Schallschutzwand, Messhöhe 0,9 m unter SO

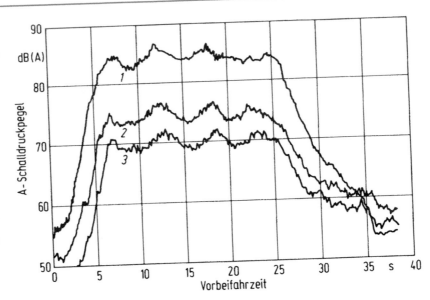

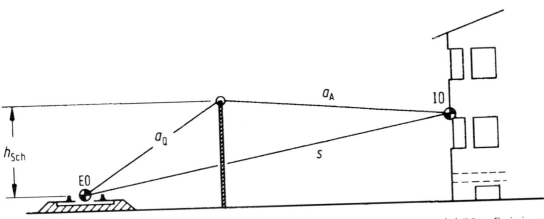

Abb. 21 Größen zur Ermittlung des Schirmwertes z an einer Schallschutzwand. $z = a_Q + a_A - s$ $[m]$; EO = Emissionsort (Gleismitte in Höhe von SO); IO = Immissionsort

z. B. in der Schall 03 [56] oder in [57]. Im Berechnungsverfahren nach Schall 03 werden auch Mehrfachbeugungen berücksichtigt. Auch für geringe negative z-Werte (die Wand reicht nicht bis an die Verbindungslinie Quelle-Immissionsort hinauf) ergibt sich noch eine messbare Wandwirkung (z. B. ca. 3 dB für $z = 0$).

Mit oben abgeknickten SSW kann die Beugungskante bei gleichem Wandabstand näher an das Gleis herangebracht und damit die Pegelminderung vergrößert werden. Dabei sind die in Abb. 22 angegebenen Mindestmaße einzuhalten.

Zur weiteren Verbesserung der Wirkung von SSW wurden verschiedene schalltechnische Optimierungen der Beugungskante untersucht. Versuche unter Betriebsbedingungen mit Schallschutzwandaufsätzen, die als Interferenzabsorber oder als poröse Absorber ausgebildet sind und auf übliche SSW aufgesetzt werden, zeigten bisher keine über die reine geometrische Wirkung hinausgehenden signifikanten Effekte [39, 43]. Versuche mit als Resonatoren ausgebildeten Schallschutzwandaufsätzen (wie z. B. nach [57]) zeigten eine frequenzabhängige Minderungswirkung [58, 59], wobei bislang keine validierten Ergebnisse unter Betriebsbedingungen vorliegen.

Abb. 22 Skizze zur Veranschaulichung der zulässigen Geometrie im Falle einer oben zum Zug hin abgewinkelten Schallschutzwand an einer Schnellfahrstrecke ($v \geq 160$ km/h) der Deutschen Bahn AG

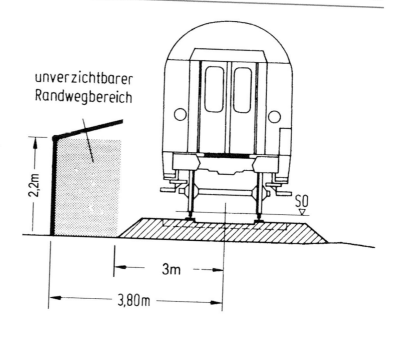

Abb. 23 Größen zur Ermittlung des Schirmwertes z an einem Schallschutzwall; $z = a_Q + a_B + a_A - s$ $[m]$; EO = Emissionsort (Gleismitte in Höhe von SO); IO = Immissionsort

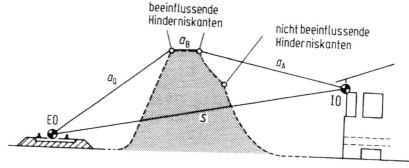

Schallschutzwälle Schallschutzwälle haben zwei Beugungskanten und sind wie Schallschutzwände zu berechnen (siehe Abb. 23).

Ein möglichst dichter Pflanzenbewuchs der Böschung eines Schallschutzwalls begünstigt die Geräuschminderung durch Absorption. Ragen Bäume über die Beugungskante, so können Reflexionen an Blättern und Ästen die Abschirmwirkung verringern.

Neben Schallschutzwällen zeigen auch Einschnitte eine akustische Wirkung, deren Abschirmwirkung ebenfalls nach Schall 03 [56] berechnet werden kann. Bei der Vorbeifahrt eines Zuges an einer nicht absorbierenden Stützmauer schirmt der Zug selbst die Reflexionen zur gegenüberliegenden Seite beträchtlich ab.

6.3 Maßnahmen am Immissionsort, passive Schallschutzmaßnahmen

Stehen dem Bau von Schallschutzwänden oder -wällen technische, räumliche oder monetäre Gründe entgegen, oder können beim Neubau oder der wesentlichen Änderungen von Schienenwegen die nach der 16. BImSchV [6] festgelegten Immissionsgrenzwerte nicht allein durch den Einsatz von aktiven Schallschutzmaßnahmen eingehalten werden, so ist Schallschutz unmittelbar am Immissionsort durch den Einbau von Schallschutzfenstern oder durch die Verbesserung anderer Umfassungsbauteile zu realisieren (passive Schallschutzmaßnahmen).

Bei der Dimensionierung von Schallschutz-fenstern ist die bessere Dämmwirkung von Fenstern bei Schienenverkehrslärm gegenüber Straßenverkehrslärm bei gleichem Schalldämmmaß aufgrund des unterschiedlichen Frequenzverlaufs der Geräuschspektren zu beachten.

Als Richtlinie für die Anwendung der 24. BImSchV bei Schienenverkehrslärm gibt [12] konkrete Handlungsanleitungen und praktische Hinweise zur Abwicklung von passiven Schallschutzmaßnahmen bei Schienenverkehrslärm im Bereich der Deutschen Bahn.

7   Schallausbreitung im Freien

Die bei der Ausbreitung des Schalls im Freien auftretende Dämpfung (Ausbreitungsdämpfung) kann aufgrund der Eigenschaften der Schallquelle und der Bedingungen auf dem Ausbreitungsweg (Topographie, Bewuchs, Bebauung, meteorologische Bedingungen) stark schwanken. Im Kap. „Schallausbreitung" in diesem Buch und in den einschlägigen Normen und Regelwerken wird auf den Einfluss der Ausbreitungsbedingungen und die resultierende Ausbreitungsdämpfung detailliert eingegangen (siehe z. B. [137]).

Die für die Ausbreitung relevanten Eigenschaften der Quellen von Schienenverkehrsgeräuschen sind neben der Quellengeometrie und der Lage der Quelle insbesondere die Richtcharakteristik.

Das Vorbeifahrgeräusch resultiert aus Schallemissionen verschiedener Quellen. Die Abstrahlung ist hierbei bevorzugt nach der Seite gerichtet [60, 61]. Die Richtwirkung, ausgedrückt als Richtwirkungsmaß D_I, ist ungefähr durch die Gl. 5 zu beschreiben [56]:

$$D_I = 10 \cdot \lg\left(0,22 + 1,27 \cdot \sin^2\delta\right) \qquad (5)$$

δ ist der Winkel zwischen der Verbindungslinie Emissionsort-Immissionsort und der Gleisachse. Die Richtwirkung ist in Abb. 24 dargestellt.

Typische Vorbeifahrtpegel als Funktion der Zeit, gemessen in verschiedenen Entfernungen, zeigt Abb. 25 [26]. Mit zunehmender Entfernung beeinflussen längere Streckenabschnitte die Immission.

Bei den Geräuschemissionen von stehenden oder abgestellten Schienenfahrzeugen hängt die resultierende Richtcharakteristik von den dann aktiven Schallquellen ab. Da das bei der Vorbeifahrt in weiten Geschwindigkeitsbereichen (auch

Abb. 24 Richtwirkungsmaß D_I gemäß Gl. (5)

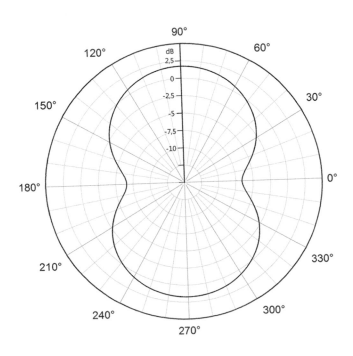

Abb. 25 Zeitverlauf des A-Schalldruckpegels in verschiedenen Entfernungen vom Gleis bei Vorbeifahrt eines Reisezuges, bestehend aus einer Lok der Baureihe 103 und 12 Wagen (gemischt mit Klotz- bzw. Scheibenbremsen), mit einer Geschwindigkeit von 140 km/h

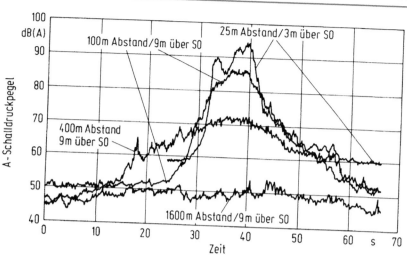

die Richtcharakteristik) dominierende Rollgeräusch bei Stand des Fahrzeugs nicht auftritt, sind aufgrund der unterschiedlichen Richtcharakteristiken der sonstigen Schallquellen im Stand deutliche Unterschiede zwischen unterschiedlichen Fahrzeugen möglich.

Sowohl bei den Stand- als auch bei den Vorbeifahrtgeräuschen ist bei der Schallausbreitung über große Entfernungen zu beachten, dass sich das Spektrum der Geräuschimmission ändert, da die Ausbreitungsdämpfung frequenzabhängig ist und die hohen Frequenzanteile stärker gedämpft werden [137].

8 Wirkung von Schienenverkehrsgeräuschen

Schallwirkungen beim Menschen werden in Kap. „Schallwirkungen beim Menschen" grundsätzlich dargestellt. Verschiedene Geräusche können sich jedoch bei gleichem Mittelungspegel in ihrer Lästigkeit stark unterscheiden. Die Lästigkeit hängt ab von dem Klangcharakter, der Tonhaltigkeit, der Impulshaltigkeit, dem zeitlichen Verlauf des Einwirkens (Dauergeräusch oder Geräusch mit langen Pausen), Meinungen des Belästigten über den Geräuscherzeuger usw.

Lästigkeitsunterschiede zwischen Geräuschen verschiedener Verkehrssysteme Als Schallimmissionsgrenzwerte für Verkehrsgeräusche in

Deutschland eingeführt wurden, sollten zwar einheitliche Grenzwerte (A-bewertete Mittelungspegel) für die verschiedenen Verkehrssysteme gelten, eine unterschiedliche Lästigkeit der Verkehrsgeräusche sollte hierbei jedoch berücksichtigt werden. Um eine für Straßenverkehrsgeräusche als auch für Schienenverkehrsgeräusche im Wesentlichen gleiche Limitierung der Lästigkeit zu erreichen, wurde auf Basis von Lärmwirkungsuntersuchungen aus den Jahren 1975 bis 1983 [62, 63] in Deutschland pauschal ein Wert von + 5 dB(A) als sogenannter „Schienenbonus" in der Verkehrslärmschutzverordnung [64] festgeschrieben. In anderen europäischen Ländern wurde ebenfalls ein Schienenbonus in unterschiedlicher Höhe festgelegt: Österreich + 5 dB (A), Frankreich + 3 dB(A), Niederlande + 7 dB (A), Schweiz zwischen + 5 dB(A) (bei hoher Streckenbelastung) und + 15 dB(A) (bei sehr geringer Streckenbelastung).

Schon bei der Einführung des Schienenbonus war bekannt, dass ein pauschaler Wert nur eine vereinfachte Annäherung an die gewünschte Nivellierung der Bewertung der Lästigkeit sein kann. Zum einen ist die für eine handhabbare gesetzliche Regelung notwendige Beschreibung und Limitierung von Schall mit einer Einzahlgröße grundsätzlich mit erheblichen Informationsverlusten verbunden, zum anderen können die für die Lästigkeit eines Geräusches relevanten Parameter auch innerhalb einer Verkehrsgeräuschart deutlich variieren. Tatsächlich zeigte schon die erste breit angelegte sozialwissenschaftliche

Studie [63] – auf deren Basis der Schienenbonus festgelegt wurde – eine erhebliche Spannbreite für den Schienenbonus auf.

Die fachliche Diskussion über die Berechtigung des Schienenbonus wurde nach dessen Einführung über viele Jahre geführt. Weitere Studien bestätigten den Schienenbonus, andere zeigten differenziertere Ergebnisse auf oder ließen Zweifel an der Gültigkeit des Schienenbonus aufkommen. Eine 2009 im Auftrag des Umweltbundesamtes erstellte Literaturstudie [65] gibt umfassend Übersicht über die bisher durchgeführten Untersuchungen zum Schienenbonus und bewertet die Ergebnisse. Die Verfasser der Untersuchung sehen deutliche Hinweise darauf, dass „aufgrund der inzwischen eingetretenen Veränderungen in der Verkehrszusammensetzung und im Freizeitverhalten der Bevölkerung eine Differenzierung in der Anwendung des Schienenbonus erfolgen muss" und machen Vorschläge zur weiteren Untersuchungsplanung. Bislang sind diese Vorschläge nicht aufgegriffen worden. Im Jahr 2013 hat der Gesetzgeber in Deutschland gesetzlich geregelt [9], dass der Schienenbonus ab dem 01. Januar 2015 nicht mehr anzuwenden ist.

Wahrnehmung von Pegeldifferenzen einzelner Zugvorbeifahrten: Für die Planung und Bewertung von Schallminderungsmaßnahmen ist es hilfreich, auch die wahrgenommene Schallminderung einschätzen zu können. Nach allgemeiner Auffassung werden Schallpegelreduzierungen bzw. -erhöhungen um 3 dB(A) als Veränderung der Geräuschbelastung gerade wahrgenommen. In von der TU München durchgeführten Untersuchungen wurden Versuchspersonen im Schall-Labor in mehreren Versuchsreihen mit einem vorgegebenen Schienenverkehrsgeräusch eines vorbeifahrenden Güterzuges ($L_{AFmax} = 79$ dB(A)) beschallt, das bei Pausenlängen von 3 min und von 6 min um ± 3 dB und ± 10 dB elektrisch verändert wurde. Die durch andere Tätigkeiten abgelenkten Probanden sollten angeben, ob sie eine Veränderung des Schallpegels wahrnehmen [66, 67]. Durch die Ablenkung sollte die übliche Situation des Aufenthalts in Wohnungen an einer Eisenbahnstrecke nachgeahmt werden.

Die Untersuchungsergebnisse zeigen, dass eine Erhöhung bzw. eine Reduzierung des Schallpegels um 3 dB(A) von der Mehrzahl der Betroffenen *nicht* wahrgenommen wird (siehe Abb. 26).

In der Untersuchung wurde sogar eine Pegelreduzierung von 10 dB in der Hälfte der Urteile

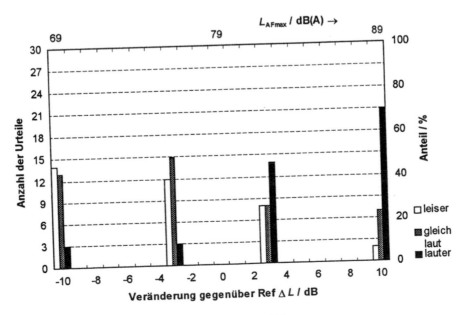

Abb. 26 Wahrnehmung von Schallpegeldifferenzen bei Zugvorbeifahrten

nicht als solche erkannt. Dies zeigt, dass in Situationen mit Pausen zwischen Zugvorbeifahrten eine Lärmminderungsmaßnahme von einem Teil der Anwohner nur bedingt wahrgenommen wird. Inwiefern sich diese Ergebnisse auf die realen Bedingungen vor Ort übertragen lassen, ist nicht geklärt.

9 Spezielle Fragestellungen

9.1 Feste Fahrbahn

Seit 1996 werden in Deutschland, vor allem auf Strecken mit Fahrgeschwindigkeiten $v \geq 250$ km/h, vermehrt schotterlose Oberbauformen, sogenannte „Feste Fahrbahnen", eingebaut. Hierbei werden die Schienen im Schienenstützpunkt mittels elastischer Schienenbefestigungen fixiert. Dies geschieht bei Systemen mit Schwellen entweder eingegossen in einem monolithischen Block, der Betontragschicht (BTS) oder aufgelagert auf der BTS bzw. einer Asphalttragschicht (ATS) und bei Systemen mit vorgefertigter Platte direkt auf dieser. Die Elastizität des Schotters wird durch die Elastizität der Zwischenplatten in den Schienenstützpunkten ersetzt (zum Aufbau verschiedener Fester Fahrbahnen siehe z. B. [68]).

Bei Zugfahrten auf Festen Fahrbahnen herkömmlicher Bauart sind die Schallemissionen gegenüber denen bei Fahrten auf Schotteroberbau erhöht, da die Schienen stärker schwingen können (weicherer Schienenstützpunkt, geringere an die Schienen angekoppelte Massen) und die Schallabsorption des Schotterbettes fehlt.

Die fehlende Schallabsorption des Schotterbettes kann durch die schallabsorbierende Gestaltung der Fahrbahnoberfläche weitgehend kompensiert werden. So konnte durch Messungen an der Schnellfahrstrecke Hannover-Berlin eine mittlere Wirkung der eingesetzten absorbierenden Bauelemente von 3 dB(A) gezeigt werden (Ergebnisse aus [39]). Abb. 27 zeigt ein Beispiel für die Wirkung von Schallabsorbern auf einer Festen Fahrbahn der Bauart Züblin bei der Vorbeifahrt eines ICE 1-Zuges mit einer Geschwindigkeit von 250 km/h [39]. Die dafür nötigen Anforderungen an den Schallabsorptionsgrad sowie die geometrische Anordnung der Schall absorbierenden Bauelemente sind in [69] sowie im Anforderungskatalog der Deutschen Bahn zum Bau der Festen Fahrbahn [70] festgehalten.

Allerdings kann selbst nach der absorbierenden Gestaltung der Oberfläche der Festen Fahrbahn in einzelnen Frequenzbändern noch eine Erhöhung des Luftschallpegels bei der Vorbeifahrt von Zügen im Vergleich zum Schotteroberbau auftreten. Diese Pegelüberhöhung ist, wie durch Messungen des Körperschalls an der Schiene während Zugüberfahrten nachgewiesen werden konnte [71], eng korreliert mit einer entsprechenden Überhöhung des Schnellepegels an der Schiene der Festen Fahrbahn gegenüber dem an der Schiene des Schotteroberbaus (siehe Abb. 28).

Im Folgenden werden die in Abb. 28 gezeigten Messergebnisse am Beispiel der in Abb. 29 dargestellten Schienenbefestigung der Festen Fahrbahn nachvollzogen.

Die dargestellte Schienenbefestigung unterscheidet sich in zwei wichtigen Charakteristika ganz wesentlich von der des Schotteroberbaus:

a) Die Dämpfung der elastischen Zwischenplatten (Teil 3 in Abb. 29), die bei der Festen Fahrbahn an die Stelle des Schotters mit einem Verlustfaktor von $\eta \approx 1$ bis 2 treten, ist mit $\eta \approx 0,1$ bis 0,2 sehr gering.

b) Die Masse der Grundplatten (2), die an die Stelle der Schwellen mit einer Masse von ca. 200 kg bis 300 kg treten, ist mit ca. 6 kg bis 10 kg vergleichsweise nur sehr gering. Weiterhin wirkt die durch den Schotter bedämpfte Schwelle im Bereich ihrer Resonanzfrequenzen als Körperschallabsorber für die Schiene.

Weitere Untersuchungen haben ergeben, dass die Feste Fahrbahn zusätzlich zu der schon in Abb. 28 dargestellten Pegelüberhöhung gegenüber Schotteroberbau eine weitere Pegelerhöhung im Frequenzbereich um ca. 40 Hz bis 100 Hz aufweist, wobei hier unterschiedliche Steifigkeiten der Schienenbettung, d. h. vor allem der elastischen Zwischenplatten in den Schienenbefestigungen, von erheblichem Einfluss sind (siehe Abb. 30).

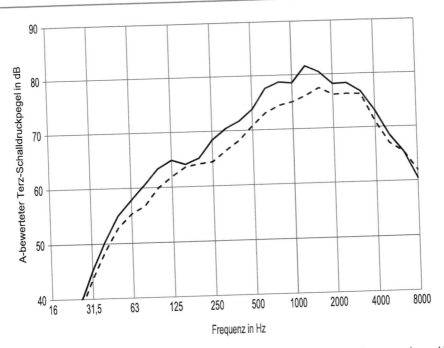

Abb. 27 Luftschall gemessen 25 m neben der Gleismitte und 3,5 m über Schienenoberkante an einem Abschnitt der Schnellfahrstrecke Hannover-Berlin (Feste Fahrbahn Bauart Züblin) mit und ohne Schallabsorber während der Vorbeifahrt eines ICE 1-Zuges mit einer Geschwindigkeit von 250 km/h [39]

Symbol	Oberbauart	Schalldrucksummenpegel
———	Feste Fahrbahn ohne Absorptionsbelag	89 dB(A)
– – – –	Feste Fahrbahn mit Absorptionsbelag	86 dB(A)
	Differenz	3 dB(A)

Dieser Einfluss der Zwischenplatten-Steifigkeit konnte auch mit Hilfe des Rad/Schiene-Impedanzmodells (RIM) [72] rechnerisch nachgewiesen werden. Entsprechend dem relativ großen Frequenzabstand der beiden Pegelüberhöhungen nach Abb. 30 lässt sich für beide Frequenzbereiche je ein vereinfachtes Modell, wie in Abb. 31 dargestellt, heranziehen.

Im Frequenzbereich von 40 Hz bis 100 Hz kann die Wirkung der Massen von Schiene und Schwelle bzw. Grundplatte vernachlässigt werden. Die abgefederten Massen von Drehgestell und Wagenkasten mit Resonanzen im Frequenzbereich < 10 Hz können als entkoppelt angesehen werden. Das Schwingungsmodell vereinfacht sich damit zu einem Ein-

massenschwinger, wie in Abb. 31 links dargestellt ist. Dieser besteht aus der Radsatzmasse m_R und der Kontaktfedersteife s_K in Reihe mit der Schienensteife s_{Sch}. Letztere setzt sich zusammen aus der Biegesteife der Schiene und der Reihenschaltung von Zwischenlagensteife der Schiene s_1 und Bettungssteife s_2. Die Resonanzfrequenz des Systems ist die sogenannte Rad-Schiene-Resonanz, bei der die Schwingschnellen von Rad und Schiene ein ausgeprägtes, stark dämpfungsabhängiges Maximum besitzen. Es ist als gesichert anzusehen, dass die Pegelüberhöhung im Bereich der Rad-Schiene-Resonanz bezüglich Höhe und Frequenzlage wesentlich durch Dämpfung und Steife der Zwischenplatten der

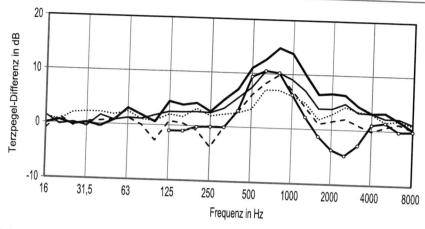

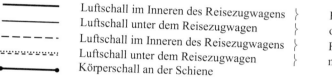

Abb. 28 Mittlere Terzpegel-Differenz zwischen Fahrten auf Fester Fahrbahn und Fahrten auf Schotteroberbau. Messungen im Tunnel mit jeweils gleicher Zuggeschwindigkeit im Bereich von 160 bis 280 km/h:

———	Luftschall im Inneren des Reisezugwagens }	Feste Fahrbahn
———	Luftschall unter dem Reisezugwagen }	ohne Absorptionsbelag
– – – –	Luftschall im Inneren des Reisezugwagens }	Feste Fahrbahn
·······	Luftschall unter dem Reisezugwagen }	mit Absorptionsbelag
•——•	Körperschall an der Schiene }	

Schienenbefestigung auf Fester Fahrbahn beeinflusst wird.

Der rechte Bildteil in Abb. 31 beschreibt das System bei höheren Frequenzen. Die Massen von Schiene und Schwellen bzw. Grundplatten sind nicht mehr vernachlässigbar. Die Radimpedanz ist bei diesen Frequenzen im Vergleich zur Schienenimpedanz so groß, dass das Rad einen starren Abschluss für die Kontaktfeder darstellt.

Das System entspricht jetzt einem Zweimassenschwinger und besitzt folglich zwei Eigenfrequenzen mit maximaler Schwingschnelle der Schiene. Man bezeichnet diese Eigenfrequenzen auch als „Kontaktresonanzen" [73, 74]. Die relative Lage dieser beiden Resonanzen bei Fester Fahrbahn gegenüber denen bei Schotteroberbau ist für die sich ergebenden Pegelüberhöhungen von ausschlaggebender Bedeutung. Von Einfluss sind im Bereich der Kontakt-Resonanz (zwischen ca. 300 Hz und 800 Hz) neben den unterschiedlichen Bettungsimpedanzen bei Schotteroberbau und Fester Fahrbahn (Steife und Dämpfung der Zwischenplatten) auch die Unterschiede der an die Schiene angekoppelten Massen (siehe oben) in Verbindung mit der Steife und Dämpfung der dazwischen befindlichen Zwischenlagen.

9.2 Brücken

Einleitung

Befährt ein Zug eine Brücke, so kommt zur Schallabstrahlung des Zuges und des Gleises noch diejenige der zu Schwingungen angeregten Brücke hinzu. Dabei ist die Schallabstrahlung der Brücke stark von deren Konstruktion abhängig. Der hauptsächlich im Bereich tiefer Frequenzen abgestrahlte Sekundärluftschall wird im Weiteren als Brückendröhnen bezeichnet. Wegen der ausgeprägten tieffrequenten Spektralanteile werden die Luftschallspektren in den Abb. 32, 33, 34, 35, 36, 37, 38, 39, 40, 41 und 42 nicht A-bewertet sondern als Z-bewertete Spektren (früher als „unbewertete" Spektren bezeichnet) dargestellt.

Dominant für die Anregung der Brückenstruktur sind zwei Mechanismen:

• Die geschwindigkeitsunabhängigen Resonanzfrequenzen setzen sich zusammen aus den Eigenschwingungen der Bereiche Drehgestell/Wagenkasten und Drehgestell/Oberbausystem. Besonders kritisch ist hierbei der Frequenzbereich zwischen 40 Hz und 100 Hz.

Abb. 29 Elastische, höhen- und seitenverstellbare Schienenbefestigung für schotterlosen Oberbau („Feste Fahrbahn"). Teil 1: Elastische Zwischenlage (Zwl), 2 bis 12 mm dick; Teil 2: Grundplatte zur Schienenbefestigung; Teil 3: Elastische Zwischenplatte (Zwp), 10 mm dick; Teil 4: Spannklemme; Teil 5: Winkelführungsplatte; Teil 6: Betonschwelle, mit Betonsohle fest vergossen; Teil 7: Schwellenschraube; Teil 8: Schraubdübel

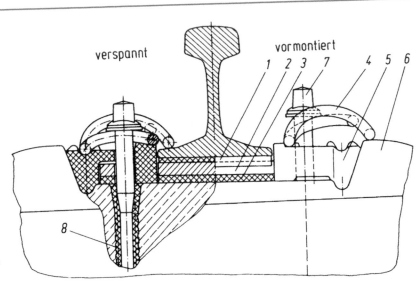

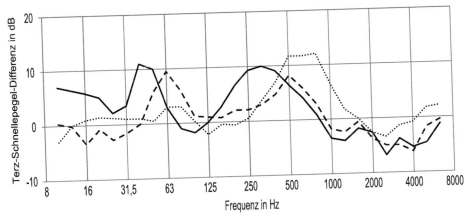

Abb. 30 Mittlere Differenz der Schienenschnelle-Terzpegel $\Delta L = L_{v1} - L_{v2}$ zwischen drei Tunnelausführungen der Festen Fahrbahn mit unterschiedlicher Zwischenplattensteife (L_{v1}) und dem jeweils angrenzenden Schotteroberbau außerhalb des Tunnels (L_{v2}). Gemittelt über verschiedene Zugarten und Fahrgeschwindigkeiten im Bereich von 60 bis 280 km/h mit Einzeldifferenzen bei jeweils gleicher Geschwindigkeit. Federsteife der Zwischenplatten:

——————— ca. 20 kN/mm;

- - - - ca. 70 kN/mm;

············ ca. 140 kN/mm

- Die parametrische Anregung infolge der geschwindigkeitsabhängigen „Schwellenfachfrequenz „f_s" ($f_s = v/x$, v: Zuggeschwindigkeit in m/s und x: Schwellenabstand in m) ist ein weiterer Anregungsmechanismus. Ausgehend vom üblichen Schwellenabstand (ca. 60 cm) liegt die Schwellenfachfrequenz für den Geschwindigkeitsbereich von 50 km/h bis 300 km/h zwischen etwa 23 Hz und 140 Hz. Eine Übereinstimmung mit den o. g. geschwindigkeitsunabhängigen Frequenzkomponenten führt zu einer überhöhten Schwingungsanregung der Brücke. Deshalb sind diejenigen Fahrgeschwindigkeiten, die zu Schwellenfachfrequenzen im Bereich zwischen 40 Hz und 100 Hz führen, besonders kritisch im Hinblick auf die Schwingungsanregung der Brücke.

Besonders stark werden die Schwingungen und die Schallabstrahlung, wenn die anregenden Frequenzen mit Eigenfrequenzen von Brückenteilen (z. B. Fahrbahn, Seitenwand usw.) zusam-

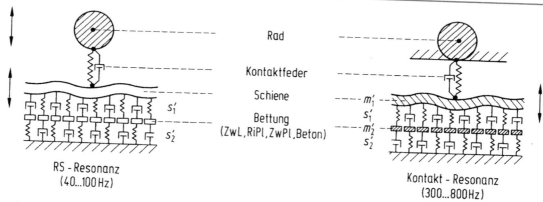

Abb. 31 Aus dem Rad/Schiene-Impedanzmodell (RIM) abgeleitete vereinfachte Modelle zur Deutung der Überhöhungsfrequenzen des Schienenpegels der Festen Fahrbahn

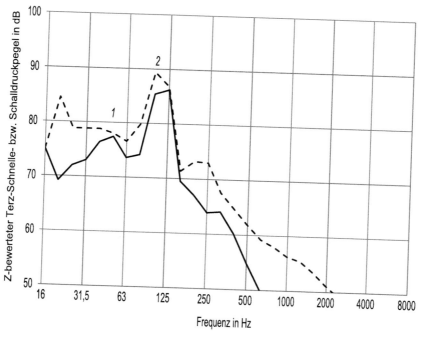

Abb. 32 Körperschall und Luftschall an einer Hohlkastenbrücke in Massivbauweise mit Schotterbett, bei Überfahrt eines ICE mit einer Geschwindigkeit von 260 km/h. ——— Schnellepegel, gemessen an der Hohlkasten-Seitenwand; - - - - Schalldruckpegel, gemessen 1 m neben der Hohlkasten-Seitenwand; 1 Rad-Schiene-Resonanzfrequenz; 2 Schwellenfachfrequenz (120 Hz bei $v = 260$ km/h) und Eigenfrequenz der Seitenwand (≈ 100 Hz)

menfallen (siehe Abb. 32, 33). Die dominante Frequenz des Brückendröhnens kann dabei von Brücke zu Brücke stark variieren.

Abb. 34 zeigt Spektren der Geräusche, die in einem Abstand von 25 m seitlich von drei Brückentypen bei der Vorbeifahrt von Reisezügen mit Scheibenbremsen bei ähnlichen Fahrgeschwindigkeiten ermittelt wurden. Man erkennt

die für alle Brückentypen erhöhte Schallabstrahlung im Bereich um 60 Hz (dies entspricht bei einer Zuggeschwindigkeit von 130 km/h der Schwellenfachfrequenz).

Für die Schallabstrahlung einer Brücke spielt die Anwesenheit eines Schotterbettes eine wesentliche Rolle. Die heute kaum mehr gebauten Stahlbrücken ohne Schotterbett, sog. direkt

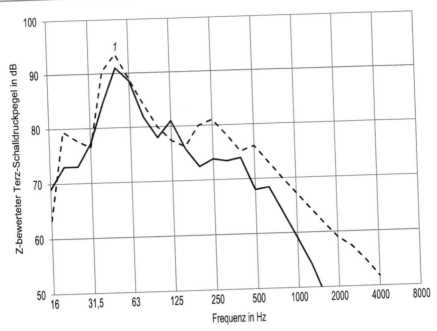

Abb. 33 Körperschall und Luftschall an einer Hohlkastenbrücke in Massivbauweise mit Schotterbett, bei Überfahrt eines Reisezuges mit Scheibenbremsen mit einer Geschwindigkeit von 120 km/h. ——— Schnellepegel, gemessen am Hohlkastenboden; – – – – Schalldruckpegel, gemessen 2 m unterhalb des Hohlkastenbodens; 1 Rad-Schiene-Resonanzfrequenz und Schwellenfachfrequenz (56 Hz bei $v = 120$ km/h) und Eigenfrequenz des Hohlkastenbodens

befahrene Brücken, sind mit einem abgestrahlten Schallpegel von bis zu 18 dB über dem der freien Strecke der lauteste Brückentyp. Brücken mit Schotterbett sind weniger auffällig, können aber im tieffrequenten Bereich immer noch beträchtliche Pegelanhebungen aufweisen.

Minderungsmaßnahmen
Durch Schallschutzwände auf Brücken (vor allem Stahlbrücken) wird das insgesamt abgestrahlte Geräusch weniger reduziert als an der freien Strecke, weil sie zwar das von Zug und Oberbau abgestrahlte Rollgeräusch, die Abstrahlung der Brückenbauteile jedoch nicht abschirmen. Deren tieffrequente Schallanteile werden auffälliger, da sie dann das Spektrum dominieren (Abb. 35).

Ein vergleichbarer Effekt tritt auch beim Einsatz von Schallschutzfenstern auf, da diese aufgrund des prinzipiellen Frequenzverlaufs der Schalldämmung von Trennbauteilen im tieffrequenten Bereich eine niedrigere Schalldämmung als im hohen Frequenzbereich haben. Folglich

sind die üblicherweise verwendeten Schallschutzmaßnahmen für eine Reduktion des Brückendröhnens nicht geeignet.

Ansatzpunkte zur Verringerung der Schwingungsanregung und damit der Schallabstrahlung sind Maßnahmen am Fahrweg (Einbau elastischer Elemente im Oberbau; Vermeidung von Unstetigkeiten des Oberbaues beim Übergang freie Strecke – Brücke; Sicherstellen eines einwandfreien Zustandes der Schienenfahrfläche im Brückenbereich) und Maßnahmen am Tragwerk (Erhöhung der Masse, z. B. durch nachträgliches Einschottern; Frequenzverstimmung durch Masse- bzw. Steifigkeitsänderung; Erhöhung der Steifigkeit im Bereich des Deckbleches; Dämpfung von Deck- bzw. Stegblechen).

Eine ausführliche Darstellung der grundsätzlich möglichen Geräuschminderungsmaßnahmen an Eisenbahnbrücken, im Besonderen an Stahlbrücken, mit Angabe von Messergebnissen zu ausgeführten Objekten findet man in [76, 77]. Neuere Ergebnisse zu innovativen Maßnahmen

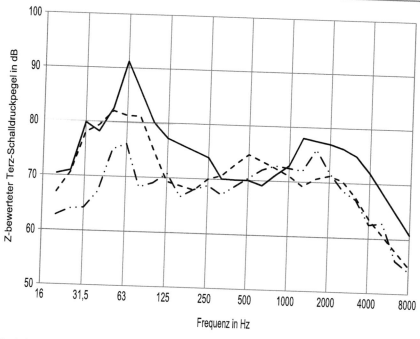

Abb. 34 Luftschall in einem Abstand von 25 m seitlich dreier Brücken verschiedener Konstruktionsart mit Schotterbett, bei Überfahrt von Reisezügen mit Scheibenbremsen mit einer Geschwindigkeit von ca. 130 km/h: ———— Stahl-Hohlkastenbrücke, Messhöhe 1,5 m über SO: 97 dB(Z), 87 dB(A); - - - - Stahl-Fachwerkbrücke, Messhöhe 3,5 m über SO: 89 dB(Z), 80 dB(A); —·—·— Stahlbeton-Hohlkastenbrücke, Messhöhe 3,5 m über SO: 85 dB(Z), 82 dB(A)

zur Reduktion des Brückendröhnens finden sich auch in [43, 75]:

Für alle genannten Maßnahmen zur Reduktion des Brückendröhnens gilt, dass sie an die jeweilige Brückenkonstruktion angepasst werden müssen. Ansonsten können Maßnahmen zur Reduktion des Brückendröhnens unwirksam sein oder das Brückendröhnen sogar verstärken. Bei Einsatz elastischer Elemente im Oberbau kann sich auch das Rollgeräusch der Züge erhöhen.

Konstruktive Maßnahmen Bei Beachtung einiger grundlegender Vorgaben ist es bereits in der Konstruktionsphase möglich, die Schallabstrahlung von Stahlbrücken zu beeinflussen [78]. So ist z. B. unbedingt zu beachten, dass die ersten Eigenfrequenzen der am meisten Schall abstrahlenden Brückenbauteile nicht im Bereich der Anregungsfrequenzen des Systems Fahrzeug/Oberbau zwischen 40 Hz und 100 Hz (140 Hz bei Hochgeschwindigkeitsstrecken) liegen. Außerdem ist z. B. durch günstige Verteilung der Steifen die

Eingangsimpedanz der Fahrbahnplatte möglichst hoch auszulegen. Das Schwingungsverhalten des Deckbleches ist für die Weiterleitung der Schwingungsenergie an die übrigen Brückenbauteile entscheidend. Das bedeutet, dass grundsätzlich große Masse und Dämpfung sowie hohe Steifigkeit bzw. geringe Verformung anzustreben sind.

Ein Beispiel für eine lärmarme Brückenkonstruktion ist eine an der Strecke Köln-Koblenz eingebaute stählerne Vollwandträgerbrücke mit Schotterbett. Dieser spezielle Brückentyp, der aufgrund seiner geringen Konstruktionshöhe auch als Ersatz für direkt befahrene Stahlbrücken eingesetzt werden kann, besitzt neben einer 100 mm dicken Fahrbahnplatte auch stark versteifte Stegbleche, deren Eigenfrequenzen deutlich oberhalb von 500 Hz liegen. Bei der Überfahrt von Güterzügen mit Geschwindigkeiten zwischen 60 und 100 km/h wurde ein Luftschallpegel neben der Brücke gemessen, der nur unwesentlich höher als an der angrenzenden freien Strecke ist [79].

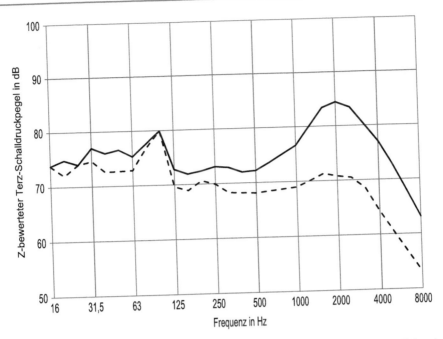

Abb. 35 Luftschall 25 m seitlich (3,5 m über SO) einer Hohlkastenbrücke in Massivbauweise mit Schotterbett, bei Überfahrt eines Reisezuges mit Scheibenbremsen mit einer Geschwindigkeit von 200 km/h, ohne und mit Schallschutzwand (SSW) von 2 m Höhe bezogen auf SO. —————— Brücke ohne SSW: 92,5 dB(Z), 90 dB(A); - - - - Brücke mit SSW: 86 dB(Z), 81 dB(A)

(Hoch-)Elastische Schienenbefestigungen Eine mögliche Maßnahme zur Reduzierung des von einer direkt befahrenen Brücke abgestrahlten Luftschalls ist der Einbau von (hoch-)elastischen Schienenbefestigungen (s. Abb. 36).

Erkenntnisse zur Entwicklung und zum Einsatz von elastischen Schienenbefestigungen als Maßnahme zur Minderung der Schallabstrahlung von Stahlbrücken ohne Schotterbett werden in [80] mitgeteilt. Über den erfolgreichen Einsatz von elastischen Schienenbefestigungen, die im Rahmen der Sanierung der Berliner Stadtbahn zur Minderung der Geräuschabstrahlung auf einer Stahlhilfsbrücke eingebaut wurden, wird in [81] und [82] berichtet. Weitere Messungen zeigten, dass elastische Schienenbefestigungen bei einer geeignet weichen Auslegung die Schallabstrahlung im gesamten – für das Brückendröhnen relevanten – Frequenzbereich reduzieren können [43, 75], eine signifikante Erhöhung des Rollgeräusches wurde dabei nicht festgestellt.

Unterschottermatten Auch Stahlbrücken mit Schotterbett können im tieffrequenten Bereich beträchtliche Pegelanhebungen aufweisen. Durch die Belegung der Brückenfahrbahn mit einer akustisch angepassten Unterschottermatte (USM) kann die Schallabstrahlung einer Stahlbrücke mit Schotterbett erheblich vermindert werden (Abb. 37). Auf den Einbau von Seitenmatten kann hierbei in der Regel verzichtet werden, da die Schwingungseinleitung durch das Schotterbett in die Seitenwände sehr gering ist [83].

Die mit einer USM erzielbare Verminderung des in das Brückenbauwerk eingeleiteten Körperschalls, d. h. das Einfügungsdämm-Maß der USM, kann rechnerisch mittels eines Modells des Systems Rad/Schiene/Schotterbett/USM/Fahrbahn bestimmt werden [71]. Auf diese Weise kann die USM für das jeweilige Brückenbauwerk durch Anpassung ihrer statischen und vor allem ihrer dynamischen Eigenschaften optimiert werden. Ein wichtiger Parameter ist dabei die mechanische Eingangsimpedanz der Fahrbahn, die in einer umfangreichen Untersuchung

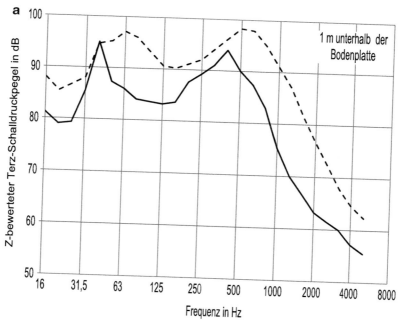

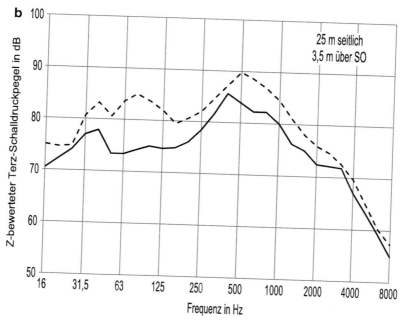

Abb. 36 Luftschall 1 m unterhalb der Bodenplatte (a) und 25 m seitlich (3,5 m über SO) (b) einer direkt befahrenen Stahl-Hohlkastenbrücke bei Überfahrt eines Güterzuges mit einer Geschwindigkeit von 85 km/h: - - - - vor Einbau elastischer Schienenbefestigungen; ──────── nach Einbau elastischer Schienenbefestigungen

Summenpegel	1 m unterhalb der Bodenplatte		25 m seitlich der Brücke	
	vor Einbau	nach Einbau	vor Einbau	nach Einbau
dB(Z)	108	101	88	84
dB(A)	102	94	84	79

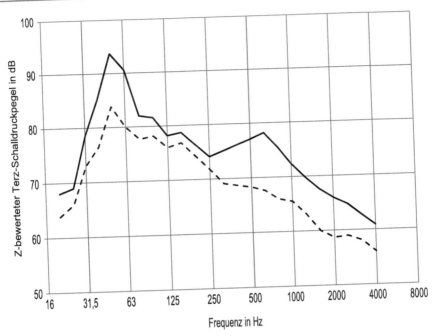

Abb. 37 Luftschall 25 m seitlich (3,5 m über SO) einer stählernen Vollwandträgerbrücke mit Schotterbett, bei Überfahrt einer Lok der Baureihe 110 mit einer Geschwindigkeit von 90 km/h, vor und nach dem Einbau einer Unterschottermatte (USM). ————— ohne USM: 96,5 dB(Z), 83 dB (A); - - - - mit USM: 89 dB(Z), 75 dB(A)

für verschiedene Stahlbrücken im Vergleich zu einer Betonbrücke gemessen wurde. Die dabei erzielten Ergebnisse sind in Abb. 38 dargestellt [71]. Je höher die Eingangsimpedanz desto höher auch die Wirkung der USM.

Anhand der Abb. 38 kann man erkennen, dass die Voraussetzungen für die Wirksamkeit von Maßnahmen zur Entkopplung von Oberbau und Brücke im Allgemeinen, der Einbau von Unterschottermatten im Besonderen, bei Brücken mit Betonfahrbahnen wegen der sehr viel höheren Eingangsimpedanz der Fahrbahn im Vergleich zu Stahlbrücken deutlich günstiger sind.

Verbundbrücken und Massivbrücken (stets mit Schotterbett) sind aus schalltechnischer Sicht u. a. wegen ihrer (im Vergleich zu Stahlbrücken) höheren Eingangsimpedanz der Fahrbahn in den meisten Fällen mit Stahlbrücken, die zusätzlich zum Schotterbett mit einer optimierten USM ausgerüstet sind, akustisch gleichwertig. Trotzdem kann auch bei diesen Brückentypen in besonderen Fällen der Einbau einer USM notwendig werden, wenn beispielsweise bei sehr hohen Brücken die Wohnbebauung im näheren Brückenbereich liegt, so dass zwar das

direkte Rollgeräusch der Züge stark abgeschirmt ist, nicht aber die tieffrequenten Brückengeräusche. Diesen Effekt (in extremer Messposition unterhalb der Fahrbahn) zeigt Abb. 39.

An der betrachteten Brücke ist der Effekt unterhalb von 80 Hz in einer Messposition über SO noch vorhanden, im Bereich höherer Frequenzen wird er jedoch durch das direkt vom Zug abgestrahlte Rollgeräusch völlig überdeckt (Abb. 40). Der Effekt kommt wieder teilweise zum Vorschein, wenn auf der Brücke eine Schallschutzwand die direkte Schallabstrahlung des Zuges (Rollgeräusch) vermindert.

Die schalltechnische Wirksamkeit der USM, das sog. Einfügungsdämm-Maß, konnte im vorliegenden Fall in guter Übereinstimmung mit den Messergebnissen auch rechnerisch bestimmt werden [84].

Feste Fahrbahn Obwohl das Rollgeräusch bei den derzeitigen Bauarten der Festen Fahrbahn ohne schallabsorbierende Gestaltung der Fahrbahnoberfläche, aus den in Abschn. 9.1 genannten Gründen gegenüber Schotteroberbau höher

Abb. 38 Aus Einzelmesswerten von örtlich variierenden Punktimpedanzen gebildete Terz-Impedanzmaße des mittleren Betrages der Eingangsimpedanz von Fahrbahnen verschiedener Eisenbahnbrücken. 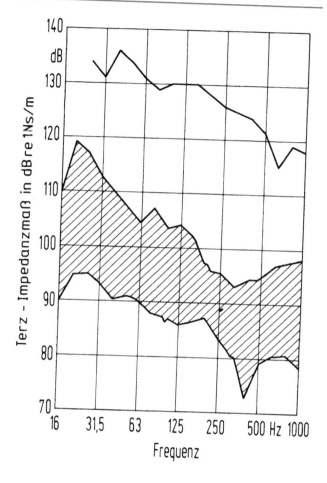 Einzelergebnisse und Streubereich für 10 Stahlbrücken unterschiedlicher Konstruktionsarten; —— Stahlbeton-Verbundbrücke (Doppel-T-Stahltragwerk mit einer 40 cm dicken Betonfahrbahnplatte)

ist, werden beim Einbau dieser Oberbauart auf Brücken die Fahrbahnschwingungen u. a. wegen der Entkopplung von Schiene und Schwelle (Betontragplatte) durch die elastische Schienenbefestigung erheblich reduziert (s. Abb. 41). Dadurch ist auch das vom Brückenbauwerk abgestrahlte Geräusch in dem bei Brücken typischen Frequenzbereich von ca. 80 Hz bis 630 Hz deutlich reduziert. Dies zeigten die umfangreichen Untersuchungen zum Einbau einer Festen Fahrbahn der modifizierten Bauart „Rheda" auf einer Stahlbeton-Hohlkastenbrücke [77].

Sonstige Maßnahmen Bei mehreren Stahlbrücken mit Schotteroberbau wurde weiterhin die Wirkung besohlter Schwellen für verschiedene Schwellentypen (B 70 bzw. B 93) sowie unterschiedliche statische Bettungsmodulen der Schwellensohle (0,10 N/mm^3, 0,15 N/mm^3 und 0,22 N/mm^3) auf das Brückendröhnen untersucht. Mit Ausnahme des Materials mit einem Bettungsmodul von 0,22 N/mm^3 zeigte sich eine deutliche Wirkung der Schwellensohle auf das Brückendröhnen, die im Mittel bei Frequenzen oberhalb von 63 Hz einsetzt [43, 75]. Tritt bei einer Brücke ursprünglich ein Brückendröhnen vor allem im Frequenzbereich > 80 Hz auf, ergibt sich daher eine gute Wirkung der besohlten Schwellen. Ist das Brückendröhnen vor Einbau der Lärmminderungsmaßnahme bei niedrigen Frequenzen ausgeprägt, zeigt der Einbau besohlter Schwellen nur eine geringe oder keine Wirkung. Weiterhin weisen erhöhte Körperschallpegel an der Schwelle auch auf ein im Frequenzbereich von 200 Hz bis 250 Hz erhöhtes Rollgeräusch hin. Zur Reduktion des Brückendröhnens sind daher die bisher getesteten besohlten Schwellen nicht gleichwertig zur bisher überwiegend eingesetzten Unterschottermatte.

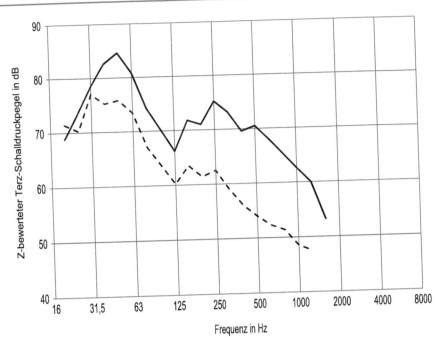

Abb. 39 Luftschall 1 m unterhalb der Fahrbahnplatte einer Stahlbeton-Verbundbrücke mit durchgehendem Schotterbett, bei Überfahrt eines S-Bahntriebzuges ET 420 mit einer Geschwindigkeit von 100 km/h, ohne und mit Unterschottermatten (USM). ⸺ ohne USM: 90 dB(Z), 75 dB(A); - - - - mit USM: 82 dB(Z), 62 dB(A)

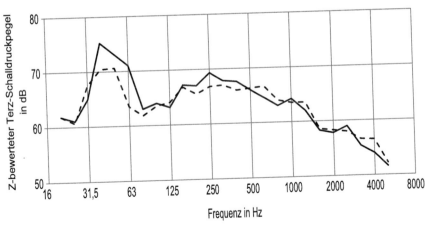

Abb. 40 Luftschall 25 m seitlich (3,5 m über SO) einer Stahlbeton-Verbundbrücke mit durchgehendem Schotterbett, bei Überfahrt eines S-Bahntriebzuges ET 420 mit einer Geschwindigkeit von 100 km/h, ohne und mit Unterschottermatten (USM). ⸺ ohne USM: 81 dB(Z), 73,5 dB(A); - - - - mit USM: 79 dB(Z), 73 dB(A)

Der Austausch der bisher verwendeten harten Zwischenlagen gegen weiche Zwischenlagen (wie z. B. im vorliegenden Fall die Zw 900) ist keine geeignete Maßnahme zur nennenswerten Reduzierung der Schallabstrahlung von Brücken.

Zur Minderung der Schallabstrahlung einer Stahlbrücke können auch sogenannte Brückendämpfer eingesetzt werden. Dabei handelt es sich um Masse-Feder-Systeme, die an ungedämpften schallabstrahlenden Blechen der Brücke angebracht werden und Schwingungsenergie dissipie-

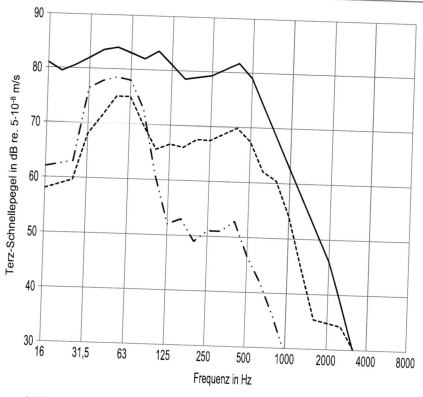

Abb. 41 Körperschall, gemessen an der Hohlkastendecke einer Stahlbeton-Hohlkastenbrücke bei Überfahrt eines Messgüterzuges auf verschiedenen Oberbauarten mit einer Geschwindigkeit von 80 km/h; ———— Schotter- oberbau W54 B70 (vor Umbau); - - - - Feste Fahrbahn „Rheda modifiziert" (erste Umbaustufe); —·——·— Feste Fahrbahn „Rheda modifiziert", vollflächig elastisch gelagert (zweite Umbaustufe)

ren. An verschiedenen Stahlbrücken durchgeführte Untersuchungen zeigen das Potenzial der Maßnahme [43, 75]. Die Ergebnisse nach Abb. 42 wurden an einer stählernen Trogbrücke mit Schotterbett vor und nach Einbau von Brückendämpfern an den Stegblechen erhalten. Weitere Untersuchungen zeigten allerdings auch geringere oder keine Effekte, je nachdem, wie gut die Brückendämpfer an die jeweilige Brückenkonstruktion angepasst wurden. Die Wirkung von Schienendämpfern auf das Brückendröhnen, die ebenfalls untersucht wurde, ist dagegen erwartungsgemäß gering [43, 75].

Weiterhin konnte gezeigt werden, dass Kombinationen von Maßnahmen zur Reduktion des Brückendröhnens und zur Reduktion weiterer Lärmkomponenten (z. B. Klappern von Gehwegblechen, Rollgeräusch) zu sehr guten Ergebnissen führen können [43, 75]. Im Idealfall kann nach Einsatz mehrerer Maßnahmen selbst für eine

ursprünglich sehr laute Brücke der Z-bewertete Schalldruckpegel neben der Brücke während einer Zugvorbeifahrt vergleichbar mit dem an der angrenzenden freien Strecke sein.

Bewertung

Sollen Einzahlwerte zur Bewertung der Schallabstrahlung einer Brücke ermittelt werden, können die Z-bewerteten Luftschallpegel neben der Brücke und der angrenzenden freien Strecke während der Vorbeifahrt eines Zuges gemessen werden. Die Differenz der Summenpegel ergibt den sog. Brückenzuschlag, ein Maß für das Brückendröhnen. Da dieser Brückenzuschlag sowohl von den Konstruktionsdetails der Brücke als auch von den Zugparametern anhängt, können anhand der Zuordnung einer Brücke zu einer Kategorie lediglich Mittelwerte angegeben werden. Hierzu wurden anhand von vorliegenden Messungen

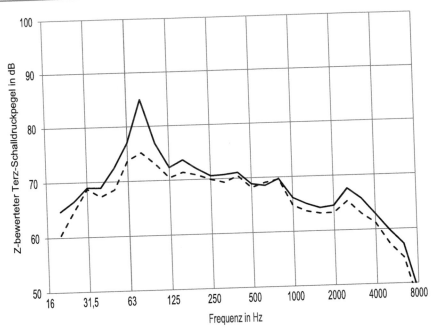

Abb. 42 Luftschall 7,5 m neben der Gleismitte und 1,2 m über SO an einer stählernen Trogbrücke mit Schotterbett bei Überfahrt von S-Bahnen mit einer Geschwindigkeit von 57 km/h: ▬▬▬ vor Einbau von Brückendämpfern: 87,7 dB(Z), 77,9 dB(A); - - - - nach Einbau von Brückendämpfern: 83,2 dB(Z), 76,6 dB(A) [43, 75]

Tab. 5 Brückenzuschlag und Wirkung von Minderungsmaßnahmen für verschiedene Brücken- und Oberbautypen im Vergleich zur freien Strecke mit Schotteroberbau, laut Schall 03 [56]

Brücken- und Oberbautyp	Brückenzuschlag*	Wirkung Minderungsmaßnahme**
Direkt befahrene Brücke mit stählernem Überbau	12 dB	−6 dB
Brücke mit stählernem Überbau und Schotterbett	6 dB	−3 dB
Brücke mit lärmarmen, stählernem Überbau und Schotterbett	3 dB	−3 dB
Brücke mit massiver Fahrbahnplatte und Schotterbett	3 dB	−3 dB
Brücke mit Fester Fahrbahn	4 dB	

*beinhaltet auch den Einfluss des Oberbaus auf der Brücke (im Vergleich zum Schotteroberbau auf der freien Strecke)
**hochelastische Schienenbefestigungen für direkt befahrene Stahlbrücken und Unterschottermatten für Brücke mit Schotterbett

Kategorien gebildet (Tab. 5) und die mittlere Wirkung von Minderungsmaßnahmen ermittelt [56].

9.3 Bahnübergänge

An Bahnübergängen (BÜ) werden die Schienenfahrflächen durch Verunreinigungen, wie z. B. Splitt oder Streusalz, die bei der Überfahrt durch Straßenfahrzeuge auf die Schienenfahrflächen gelangen, erheblich verschlechtert. Neben der hierdurch erhöhten Rollgeräuscherzeugung fehlt im Bereich des Übergangs die absorbierende Wirkung des Schotteroberbaus, so dass im Nahbereich von Bahnübergängen der Vorbeifahrtpegel zwischen 6 dB(A) bis 11 dB(A) erhöht ist. Den Unterschied im Spektrum im Vergleich zur freien Strecke zeigt Abb. 43 (Ergebnisse aus [39]).

9.4 Tunnel

Bei einer Zugfahrt durch einen Tunnel kann es am Portal zu erhöhter Schallemission kommen.

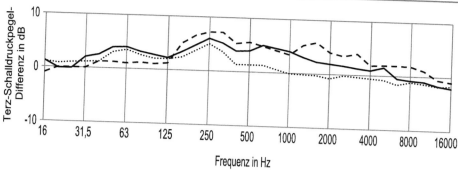

Abb. 43 Luftschall 25 m seitlich (3,5 m über SO) von Bahnübergängen im Vergleich mit freier Strecke (über jeweils ca. 10 Züge gemittelte Pegeldifferenzen aus Messungen von Vorbeifahrten verschiedener Zugarten, gemittelt über bis zu 7 Bahnübergänge): ————— Reisezüge mit Scheibenbremsen, ·········· Reisezüge mit Graugussklotzbremsen: $v = 100 \ldots 160$ km/h; – – – – S-Bahnen ET 420 mit Radscheibenbremsen: $v = 60 \ldots 120$ km/h

Sowohl bei niedrigen als auch bei hohen Fahrgeschwindigkeiten kann ein Teil des bei Fahrt im Tunnel erzeugten Fahrgeräuschs an den Tunnelportalen austreten. Bei hohen Geschwindigkeiten kann es zudem zu Mikrodruckwellenemissionen an den Tunnelportalen kommen.

Fahrgeräuschemissionen an Tunnelportalen Die durch die Zugfahrt entstehenden Fahrgeräusche im Tunnel werden in der Tunnelröhre weitergeleitet, dabei gedämpft und treten teilweise an den Tunnelportalen aus. Die geometrische Verteilung des Luftschalls erfolgt innerhalb der Tunnelröhre bzw. des Tunnelsystems, damit ist die Schallpegelabnahme deutlich niedriger als bei der Schallausbreitung im Freien. Die Ausbreitungsdämpfung hängt maßgeblich von der Schallabsorption im Tunnel ab. Für den am Portal abgestrahlten Schall muss die Frequenzzusammensetzung des Fahrgeräuschs und die frequenzabhängige Dämpfung im Tunnel berücksichtigt werden. Die höchsten Schallemissionen an Tunnelportalen sind an Tunneln mit Fester Fahrbahn ohne Absorber zu erwarten.

Nach Schall 03 [56] müssen die an Tunnelportalen austretenden Schallanteile bei einer Immissionsprognose berücksichtigt werden. Hierfür ist bislang in Deutschland kein Berechnungsverfahren normativ festgelegt. Verschiedene Berechnungsansätze sind [85] und [86] zu entnehmen.

Mikrodruckwellen an Tunnelportalen Bei Einfahrt eines Zuges in einen Tunnel wird die Luft im Tunnel komprimiert. Es wird eine Verdichtungswel-

le erzeugt, deren Signalform von der Fahrgeschwindigkeit und der Geometrie von Zug und Tunnelportal abhängt. Je nach Einfahrgeschwindigkeit und Querschnittsverhältnis Zug/Tunnel kann die Amplitude dieser Verdichtungswelle mehrere 1000 Pa betragen. Die Verdichtungswelle läuft dem Zug mit Schallgeschwindigkeit durch den Tunnel voraus und kann sich bei nur geringer Absorption in der Tunnelröhre (kein Schotter, keine Absorber) im Tunnel aufsteilen, was einer Zunahme des maximalen Druckgradienten entspricht. Aufgrund der lokalen Unterschiede der Schallgeschwindigkeit in der Verdichtungswelle – im hinteren Teil herrscht höherer Druck und damit eine etwas höhere Temperatur – kann in langen Tunneln der hintere Bereich der Welle mit hohem Druck den vorderen Bereich mit niedrigem Druck einholen, die Wellenfront steilt sich auf. Am gegenüberliegenden Ausfahrportal wird die eintreffende Verdichtungswelle teilweise zurück in den Tunnel reflektiert (Mündungsreflexion) und ein Teil ihrer Energie als sogenannte „Mikrodruckwelle" (MDW) nach außen abgestrahlt. Die Amplitude der MDW hängt direkt vom maximalen Druckgradienten der Verdichtungswelle im Tunnel ab. Die Amplitude kann in der Größenordnung von wenigen Pa mit flachem Anstieg (nicht hörbar) bis hin zu mehreren 100 Pa mit steilem Anstieg (deutlich hörbar) liegen. Deutlich hörbare MDW werden auch als „Tunnelknall" bezeichnet. In Abb. 44 sind die bei Versuchsfahrten mit einem TGV an einem zweigleisigen Tunnel mit Fester Fahrbahn in verschiedenen Abständen zum Ausfahrportal gemessenen MDW

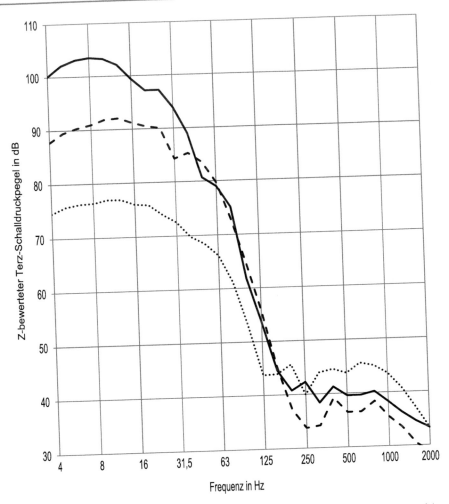

Abb. 44 **Z-bewertete** Terzpegelspektren von MDW-Immissionen in verschiedenen Abständen zum Portal (━━━━ 50 m, - - - - 100 m ·········· 485 m) eines zweigleisigen Tunnels mit Fester Fahrbahn mit Absorbern bei Versuchsfahrten [92]

spektral dargestellt. Die im Allgemeinen bei MDW auftretenden Schallenergieanteile unterhalb von 100 Hz sind stark ausgeprägt.

Bei der Ausfahrt eines Zuges aus dem Tunnel wird ebenfalls eine Druckänderung, allerdings keine Verdichtungswelle, sondern eine Expansionswelle generiert, die zurück zum Einfahrportal läuft. Diese ist, wie die zugehörige MDW-Emission am gegenüberliegenden Portal, deutlich niedriger als die Druckänderung bzw. die resultierende MDW-Emission bei Tunneleinfahrt.

Aufgrund ihrer starken tieffrequenten Schallanteile ist eine Abschirmung der MDW selbst nur in geringem Umfang möglich. Ebenso sind der Dämmung der MDW die bekannten physikali-

schen Grenzen gesetzt. Die wirksamsten Gegenmaßnahmen nehmen Einfluss auf den Entstehungsprozess oder auf die Aufsteilung der Druckwelle im Tunnel. Da die MDW-Emission direkt mit dem maximalen Druckgradienten der Verdichtungswelle korreliert ist, ist es das Ziel aller dieser Maßnahmen, die Gradienten abzusenken. Mit sogenannten Portalhauben (haubenartige Bauwerke mit Entlüftungsöffnungen vor den eigentlichen Tunnelröhren) kann der Einfahrprozess künstlich verlängert werden und mit einer geeigneten Öffnungskonfiguration die maximalen Druckgradienten deutlich abgesenkt werden. Über absorbierende Elemente im Tunnel (z. B. Schotter oder Absorber) kann die Aufsteilung gedämpft und damit der maximale Druckgradient am Ausfahrportal gesenkt werden.

Das MDW-Phänomen ist seit den späten 1970ern aus Japan bekannt [87, 88]. In Deutschland traten erste wahrnehmbare Mikrodruckwellen 2006 mit dem Einsatz der Festen Fahrbahn in langen (>7 km) Hochgeschwindigkeitstunneln auf [89]. Bei aus Sicherheitsgründen als eingleisige Tunnelröhren mit geringeren Querschnitten und Fester Fahrbahn geplanten Tunneln hat die Thematik an Relevanz gewonnen, so dass für das Schienennetz der Deutschen Bahn mit der Ril853 [90] ein Regelwerk in Kraft gesetzt wurde, welches ein geeignetes Bewertungsverfahren und Bewertungsmaßstäbe definiert, die schädliche Umwelteinwirkungen aus MDW-Immissionen ausschließen. Im Regelwerk werden die zu berücksichtigenden Randbedingungen (Referenzfahrzeuge, Lufttemperatur, Luftdruck etc.) für die Prognose sowie Vorgaben für das anzuwendende Prognoseverfahren definiert und einzuhaltende Richtwerte für schutzwürdige Nutzungen und den Nahbereich der Tunnelportale festgesetzt. Die A-bewerteten Schallexpositionspegel der MDW-Immissionen werden grundsätzlich dem Beurteilungspegel nach 16. BImSchV zugerechnet. Zusätzlich sind die C-bewerteten Schallexpositionspegel an schutzwürdigen Nutzungen und die C-bewerteten Spitzenschalldruckpegel im Nahbereich der Tunnelportale limitiert [90, 91].

Zurzeit erfolgreich angewendete MDW-Prognoseverfahren basieren auf einer Trennung des MDW-Entstehungsprozesses in drei Schritte [92]:

1) Generierung der Verdichtungswelle bei der Einfahrt des Zuges;
2) Aufsteilung der Verdichtungswelle im Tunnel;
3) Emission der MDW am gegenüberliegenden Portal.

Für den 1. Schritt kommen sowohl Simulationsverfahren per Strömungssimulation [93] oder vereinfachte analytische Ansätze [94] aber auch Modellversuche zum Einsatz. Der 2. Schritt kann als eindimensionale Wellenausbreitung simuliert werden [95]. Für den 3. Schritt existieren vereinfachte Lösungen, die auf dem Kolbenstrahlermodell basieren [87]. Für die Ausbreitung im Fernfeld muss die geringe Ausbreitungsdämpfung bei tieffrequentem Schall berücksichtigt werden: im Wesentlichen ist die geometrische Ausbreitungsdämpfung relevant, wohingegen die Dämpfung durch Abschirmung, die Boden- und Meteorologiedämpfung und die Luftabsorption gering bzw. vernachlässigbar sind.

9.5 Schallimmissionen von Rangierbahnhöfen und Umschlagbahnhöfen

Rangierbahnhöfe (Rbf) und Umschlagbahnhöfe (Ubf) sind großflächige Bahnanlagen mit vom üblichen Schienenverkehr abweichenden Schallquellen. Höherfrequente Geräusche, wie sie in Rbf- und Ubf-Anlagen auftreten (z. B. Kurvenquietschen, Hemmschuhkreischen, Bremsenquietschen) erfahren bei der Schallausbreitung im Freifeld eine stärkere Pegelabnahme mit der Entfernung als niederfrequente Geräusche. Dies wird durch eine spektrale Berechnung der Schallemission und Ausbreitung, wie sie in der aktualisierten Berechnungsvorschrift [56] umgesetzt wurde, berücksichtigt.

Rangierbahnhöfe Rbf sind Zugbildungsanlagen für Güterzüge mit großer flächenhafter Ausdehnung. Sie bestehen im Wesentlichen aus einer Einfahrgruppe zur Aufnahme der ankommenden Züge, einer Ablaufanlage und Richtungsgruppe zum Sortieren und Sammeln der Wagen und einer Ausfahrgruppe zur Aufnahme der fertigzustellenden Züge. Insbesondere in der Ablaufanlage und in der Richtungsgruppe finden schallemittierende Vorgänge statt. [96]

Zu den wichtigsten Rbf-Schallquellen gehören:

- Rangierfahrten,
- Anreißen/Abbremsen,
- Abdrücken,
- Auflaufstöße,
- Hemmschuhaufläufe,
- Kurvenquietschen,
- Retarderbremsen,
- Gleisbremsen.

In der seit 2015 gültigen Berechnungsvorschrift [56] werden die für die Prognose heranzuziehenden Schallemissionsdaten spektral als Schallleistungspegel sowie frequenzunabhängige Zuschläge K_L zum Schallleistungspegel für Ton-, Impuls- oder Informationshaltigkeit der Geräusche angegeben.

Die Geräuschemissionen bei Auflaufstößen und Hemmschuhaufläufen hängen von der Auflaufgeschwindigkeit ab. Die Auflaufgeschwindigkeit der Wagen liegt bei Neuanlagen bei 1 m/s, bei Altanlagen dagegen bei 4 m/s. Die Abhängigkeit des Pegels der „Pufferstöße" von der Wagenaufstoßgeschwindigkeit zeigt Abb. 45.

Balkengleisbremsen als wesentliche Bestandteile automatisierter Rbf-Anlagen neigen je nach Bauart zu einer intensiven Schallabstrahlung im Frequenzbereich oberhalb 3 kHz („Bremsenkreischen") mit Schallpegeln bis > 120 dB(A) in 7,5 m Entfernung. Dies gilt insbesondere für Balkengleisbremsen ohne segmentierte Verschleißleisten. In Neuanlagen werden heute jedoch vorwiegend schalloptimierte Gleisbremsen mit segmentierten Verschleißleisten installiert [97]. Diese Bremsen, die mit speziallegierten Verschleißleistensegmenten

(Abb. 46) bestückt sind, führen nur noch selten zur Schallabstrahlung im höheren Frequenzbereich.

Umschlagbahnhöfe Unter Umschlagbahnhöfen (Ubf) versteht man flächenhafte Bahnanlagen zur Horizontal- und Vertikalverladung von Ladungsgütern ohne Wechsel des Transportgefäßes (Großcontainer, Sattelanhänger, Lastkraftwagen (LKW) und Sattelzüge).

Zu den wesentlichen Schallquellen eines Ubf zählen neben den Rangierfahrten mit den vom Rbf bekannten zugehörigen Schallquellen die Containerkräne mit teilweise hochliegenden Schallquellen, die mobilen Umschlaggeräte (Seitenlader) und die Vorrichtungen zur Horizontalverladung im Zusammenhang mit der „Rollenden Landstraße".

Die Emissionspegel $L_{m,25,1}$ der wichtigsten Ubf-Schallquellen sind der Tab. 6 zu entnehmen. Die gültige Berechnungsvorschrift [56] findet keine Anwendung für Geräusche, die nicht durch Fahrvorgänge auf Schienen verursacht werden. Die Geräusche aus Containertransportanlagen sind damit nicht in der Vorschrift aufgeführt, sondern werden nach der Technischen Anleitung

Abb. 45 Zusammenhang zwischen dem in einem Abstand von 25 m gemessenen, auf ein Ereignis pro Stunde bezogenen A-bewerteten Mittelungspegel $L_{m,25,1}$ von Rangier-Pufferaufstößen und der Aufstoßgeschwindigkeit

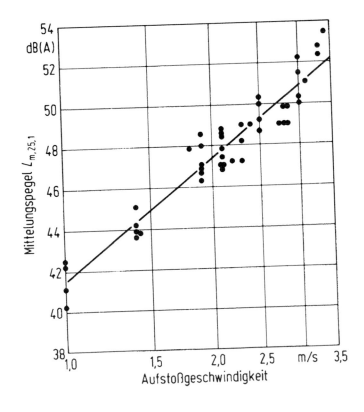

Abb. 46 Balkengleis-
bremse (Richtungs-
gleisbremse, einseitig) mit
segmentierten Verschleiß-
leisten. **a** Gesamtansicht; **b**
Detail mit eingezwängtem
Güterwagenrad

Tab. 6 Emissionspegel $L_{m,25,1}$ von Ubf-Geräuschen in dB(A)

Nr.	Schallquelle	Pegel	Besonderheit
	Containerkran Kranfahren	52	bezogen auf ein Lastspiel
	Containerkran Katzfahren	47	bezogen auf ein Lastspiel Quellenhöhe = 15 m
	Mobiles Umschlaggerät Seitenlader, Bauart 1 Seitenlader, Bauart 2	60 55	400 s Ladespieldauer 120 s Ladespieldauer
	Horizontalverladung – Rollende Landstraße: Kopframpe für Verladung LKW anbringen/abbauen	50	2 × je Zug ansetzen
	Auffahrt LKW auf Wagen	43	1 × je LKW ansetzen
	Verkeilen der LKW	53	1 × je LKW ansetzen
	Sattelauflieger mit Zugmaschine auffahren	57	1 × je Sattelauflieger
	Anlassen der LKW	57	1 × je Zug als Linienschallquelle ansetzen
	Abfahrt der LKW von den Wagen	52	1 × je LKW ansetzen

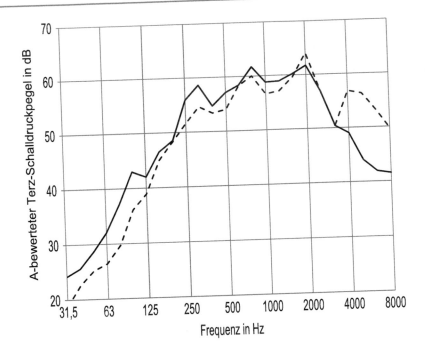

Abb. 47 Luftschall in 25 m Entfernung von einem Containerkran bei verschiedenen Betriebszuständen. - - - - Fahrgeräusch;

—— Laufkatzengeräusch beim Heben/Senken

zum Schutz gegen Lärm – TA Lärm [98] ermittelt und bewertet.

Als Hauptgeräuschquelle beim Umladen von Großcontainern mit Containerkränen gelten neben den Fahrgeräuschen des Kranes die Geräusche der Laufkatze (siehe Abb. 47). Die Geräusche des Kranes setzen sich zusammen aus Heb-, Dreh-, Fahr-, Senk- und Aufsetzgeräuschen. Die Geräuschquelle „Laufkatze" befindet sich, je nach Krantyp, bis zu 17 m über Geländeniveau.

Zu den heute in Rbf- und Ubf-Anlagen noch relativ lästig empfundenen Schallimmissionen zählt das Kurvenquietschen, das beim Befahren enger Gleisbogen (Radius $R \leq 300$ m) auftritt. Siehe hierzu Abschn. 9.7.

9.6 Sonstige Anlagen (Personenbahnhöfe usw.)

Zu den wichtigsten weiteren Bahnanlagen, an denen Schallemissionen auftreten, gehören Personenbahnhöfe, Abstellanlagen und Betriebswerke.

In Personenbahnhöfen kommen zum Rollgeräusch im Wesentlichen folgende Schallquellen hinzu:

- Bremsgeräusche bei Zügen,
- Anfahrgeräusche (elektrische oder dieselmotorische Antriebsgeräusche) und Standgeräusche (Lüfter, Klimaanlagen, Leerlauf der Dieselmotoren) von Triebfahrzeugen,
- Schienenstöße (u. a. Isolierstöße) und Weichendurchfahrten,
- Türenschließgeräusche,
- Lautsprecheransagen.

Diese Quellen beeinflussen die Gesamtemission der Anlage. Die haltenden Züge haben niedrige Fahrgeschwindigkeiten und als Folge davon niedrige Rollgeräusche. Schallemissionen bei der Zugbildung (Kuppeln der Wagen, Bremsprobe) sind in den letzten Jahrzehnten aufgrund moderner Zugkonzepte (Triebzüge, Wendezüge) an den Bahnhöfen vernachlässigbar geworden.

In [99] wurde nachgewiesen, dass Berechnungen unter der Annahme, dass alle Züge mit unverminderter Geschwindigkeit im Bahnhofsbereich durchfahren und andere Schallquellen nicht auftreten, richtige, in der Tendenz eher zu große Mittelungspegel ergeben. Dies vereinfacht die Berechnung der Pegel im Bahnhofsbereich ganz wesentlich.

Bei den Abstellanlagen für Personenzüge kommt es aufgrund der für die Betriebstüchtigkeit der Fahrzeuge notwendigen Maßnahmen während der Abstellung (z. B. Frostfreihaltebetrieb) und der im Rahmen der Vor- und Nachbereitung des Fahrbetriebes (Aufrüsten, Abrüsten, Vorbereitungsdienst mit Prüfung verschiedener technischer Systeme, Klimatisierung des Zuges) zu Schallemissionen. Einen Überblick über die Thematik gibt [100].

Betriebswerke u. ä. sind bzgl. der Schallabstrahlung in die Umgebung häufig unkritisch, da sie oftmals von großen, abschirmenden Hallen umgeben sind bzw. laute Arbeiten in den Hallen selbst durchgeführt werden. Allerdings kommt es aufgrund der vornehmlich nachts durchgeführten Wartungs- und Instandhaltungsarbeiten im Bereich der Betriebswerke und den zugehörigen Abstellanlagen zu den hierfür erforderlichen Fahrzeugbewegungen.

9.7   Kurvengeräusche

Fährt ein Zug durch einen engen Gleisbogen (Radius kleiner als 500 m), kann zusätzlich zum Rollgeräusch und dem Geräusch beim Anlaufen der Spurkränze (Spurkranzzischen) eine weitere dauerhafte oder zeitlich unterbrochene Geräuschkomponente auftreten. Dieses sog. Kurvenquietschen tritt typischerweise im Frequenzbereich zwischen 1 kHz und 5 kHz auf, wobei die Luftschallpegel während der Vorbeifahrt eines Zuges in 10 m Abstand zu einem engen Bogen bis zu 110 dB(A) betragen können. Untersuchungsergebnisse zu dem Thema können in [101, 102] und [103] gefunden werden.

Die Ursache für die Entstehung des Kurvenquietschens liegt darin, dass die Rollrichtung der beiden Achsen eines Wagens bzw. eines Drehgestells beim Durchlaufen eines Gleisbogens nicht mit der Richtung des Gleises übereinstimmt. In der Folge treten Schlupf an der Rad-Schiene-Kontaktfläche und – aufgrund einer Stick-Slip-Anregung – auch Biegeschwingungen der Radscheibe auf. Diese führen letztlich zur Schallabstrahlung, wobei in der Regel eine dominante Schwingungsmode des Rades zu hohen tonalen Anteilen führt. Einen Überblick über Grundlagen, Modellvorstel-

lungen und Minderungsmaßnahmen zu Kurvenquietschen geben [24, 103].

Zur Reduktion des Kurvenquietschens bei Vollbahnen wird neben der Reduktion der Schallabstrahlung durch Bedämpfung des Rades auch der Stick-Slip Effekt durch Einsatz eines Reibmittels auf den Schienenfahrflächen (auch „Schienenschmierung" oder „Schienenkonditionierung" genannt) gemindert [104]. Allerdings zeigten die in der Vergangenheit durchgeführten Messungen zum Einsatz von Reibmitteln nicht für alle Produkte eine deutliche Reduktion des Kurvenquietschens [43]. Ferner kann das Phänomen des Kurvenquietschens auch durch Verwendung von lenkbaren Radsätzen, wie z. B. bei einzelnen Straßenbahnen angewandt, verhindert werden.

Zur Messung der Wirkung einer Lärmminderungsmaßnahme muss beachtet werden, dass das Kurvenquietschen stochastisch auftritt und durch eine Minderungsmaßnahme die Entstehung auch nur räumlich verschoben sein kann. Daher wurde ein Messverfahren vorgeschlagen, in dem an verschiedenen Punkten neben dem Gleis während der Vorbeifahrt einer Anzahl von Zügen gemessen wird [105]. Während der Messung dürfen die Schienen nicht nass sein. Die Messungen erfolgen nach DIN EN 3095 [18]. Aufgrund des stochastischen Auftretens des Kurvenquietschens müssen die Ergebnisse über einen längeren Zeitraum gemittelt werden. Die Darstellung der Ergebnisse erfolgt dann als kumulierte Pegel-Häufigkeitsverteilung vor und nach Einbau einer Maßnahme zur Reduktion des Kurvenquietschens. Abb. 48 zeigt die ermittelten Maximalpegel (bandpassgefiltert im Bereich 2 kHz bis 10 kHz) an der Berliner Ringbahn vor und nach Einbau einer Schienenschmiereinrichtung.

10   Geräusche in Fahrzeugen

Geräusche in Schienenfahrzeugen können bei allen Betriebszuständen des Fahrzeugs auftreten. Hierbei unterscheiden sich die Hauptgeräuschquellen: Während im Stand die Hilfs- und Nebenaggregate und hier insbesondere die Heizungs-, Klima- und Lüftungsanlagen (HKL) die Innengeräusche erzeugen, werden bei Fahrt auch Antriebs-, Roll- und

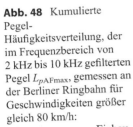

Abb. 48 Kumulierte Pegel-Häufigkeitsverteilung, der im Frequenzbereich von 2 kHz bis 10 kHz gefilterten Pegel L_{pAFmax}, gemessen an der Berliner Ringbahn für Geschwindigkeiten größer gleich 80 km/h:

──────── vor Einbau von Maßnahmen gegen das Kurvenquietschen,

- - - - nach Einbau von Maßnahmen gegen das Kurvenquietschen [43]

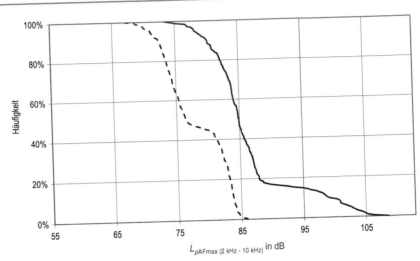

aerodynamische Geräusche erzeugt und treten – ähnlich wie bei den Außengeräuschen – je nach Fahrgeschwindigkeit in den Vordergrund.

Die Geräuschübertragungsmechanismen hängen von der jeweiligen Geräuschquelle und deren Integration in das Fahrzeug ab. Exemplarisch sei dies für das Rollgeräusch und die Geräusche der HKL-Anlagen erläutert:

Das Rollgeräusch wirkt auf die Fahrzeugaußenfläche ein, für die Luftschallübertragung ist die Schalldämmung der Wand-, Boden- und Deckenaufbauten bestimmend. Weiter wird Körperschall vom Rad über das Drehgestell zu den übrigen Fahrzeugteilen übertragen und wird von diesen als Luftschall in die Fahrgasträume abgestrahlt. Für den Innengeräuschpegel sind zudem die raumakustischen Parameter, wie z. B. die Nachhallzeit, relevant.

Zu den durch die HKL-Anlagen erzeugten Innengeräuschen gehören, neben den über die Trennbauteile (abhängig von der Einbausituation) übertragenen Schallanteilen und den über die mechanische Ankopplung der Anlagen als Körperschall in das Fahrzeug eingetragenen Schallanteilen, auch die direkt über die Lüftungskanäle in den Innenraum übertragenen Luftschallanteile.

Die Anforderungen an die Geräuschsituation oder allgemeiner an die akustische Umgebung im Fahrzeug sind abhängig von der jeweiligen Nutzung: Während für den Fahrerraum Anforderungen aus Sicht des Arbeitsschutzes und der Ergonomie

existieren, sind für die Fahrgastbereiche Anforderungen aus Komfortgründen relevant.

Die folgenden Ausführungen werden entsprechend der Nutzung in Fahrgasträume und Fahrerräume unterteilt.

10.1 Fahrgasträume

Unter den Fahrgasträumen werden alle Bereiche im Fahrzeug verstanden, in denen sich Fahrgäste aufhalten können (z. B. Großraumabteil, Abteil, Restaurant usw.). Für Räume, außer den Fahrerräumen, die in einem Zug nur dem Personal vorbehalten sind (z. B. Aufenthaltsräume, Zugbegleitabteile) herrschen in der Regel ähnliche akustische Bedingungen wie in den Fahrgasträumen.

Große Anteile des Nah- und Fernverkehrs in Deutschland werden heute mit Triebzügen mit auf den gesamten Zug verteilten Antriebs- und Nebenaggregaten durchgeführt (z. B. ICE 3). Diese Fahrzeugkonzepte stellen in Hinblick auf die Innengeräusche höhere konstruktive Herausforderungen an die Hersteller als klassische lokbespannte Reisezugwagen oder Triebzüge mit auf Triebköpfen konzentrierten Antriebsanlagen (z. B. ICE 1, TGV).

Die Anforderungen an den akustischen Komfort im Fahrgastraum gehen über die Einhaltung eines bestimmten Geräuschpegels hinaus. Insbesondere störende Geräusche, wie z. B. tonhaltige Geräusche, sind zu vermeiden. Bei der akustischen Innenraumgestaltung ist darauf zu achten, dass nur eine geringe Störung durch die Kommunikation anderer Reisender auftritt und die eigene Privatsphäre gewährleistet wird. Auch sollten die Innengeräuschpegel nicht zu niedrig sein, so dass Störgeräusche und Kommunikationsgeräusche von entfernten Personen verdeckt werden. Ein „Sounddesign", wie es im Automobilsektor in vielen Segmenten üblich ist, wird bislang bei Schienenfahrzeugen nicht angewendet und der wesentliche Deskriptor für die Innengeräusche ist weiterhin der A-bewertete Summenpegel.

International haben sich die Bahnen Richtwerte von 65 dB(A) in der 1. Klasse und 68 dB(A) in der 2. Klasse für Reisezugwagen bei Fahrgeschwindigkeiten bis 160 km/h gesetzt. Für Fahrzeuge des Hochgeschwindigkeitsverkehrs wurden durch die UIC im Jahre 2002 [106] Richtwerte festgelegt, welche die Position der Hauptgeräuschquellen berücksichtigen sollen und an den Enden der Fahrgasträume (über den Drehgestellen und in der Nähe der Wagenübergänge) zwei Dezibel höhere Pegel zulassen als in der Mitte der Fahrgasträume. Für Fahrgeschwindigkeiten bis 250 km/h sollen in der Mitte des Fahrgastraums bei Fahrt auf freier Strecke 65 dB(A) und bei Fahrt im Tunnel 73 dB(A) nicht überschritten werden. Für Fahrgeschwindigkeiten bis 300 km/h gelten Werte von 68 dB(A) (freie Strecke) und 75 dB(A) (im Tunnel). Zudem wurden Werte für den Stand und jeweils etwas höhere Werte für Vorräume und Wagenübergänge festgelegt. Eine Differenzierung zwischen 1. und 2. Klasse findet hierbei nicht statt. Aus heutiger Sicht sind die genannten Werte als ambitioniert anzusehen, da sie im Wesentlichen auf die früheren Fahrzeugkonzepte für Hochgeschwindigkeitszüge (Triebköpfe und Mittelwagen) abstellen und die Verteilung

der Antriebs- und Nebenaggregate und – für hohe Geschwindigkeiten besonders relevant – der Stromabnehmer über den gesamten Zug nicht berücksichtigten.

Um das Niveau der Innengeräuschpegel bei Hochgeschwindigkeitszügen in Deutschland darzustellen, sind in Tab. 7 Pegel des ICE 1 und des ICE 3 bei Fahrt auf freier Strecke (auf Schotteroberbau bzw. Fester Fahrbahn) genannt.

Die in Tab. 7 angegebenen Pegel für den ICE 3 gelten bei abgesenktem Stromabnehmer. Bei gehobenem Stromabnehmer (über dem Drehgestell) steigt der A-bewertete Summenpegel im Innenraum unter dem Stromabnehmer bei 330 km/h um ca. 4 dB.

Der bei älteren Reisezugwagen zu messende Anstieg der Innenpegel um bis zu 10 dB(A) bei Fahrt im Tunnel statt auf freier Strecke, ist durch die verbesserte konstruktive Gestaltung bei neueren Fahrzeugen deutlich reduziert worden. Die Pegelunterschiede zwischen freier Strecke und einem zweigleisigen Tunnel sind in der Regel geringer als 5 dB(A). Für die Fahrzeugkonstruktion ist die Schallpegelverteilung am Fahrzeug von Interesse. Hierzu wurden Untersuchungen an Reisezugwagen bei Fahrt im Tunnel und auf freier Strecke mit einer Geschwindigkeit von 250 km/h durchgeführt. Die Ergebnisse zeigt Abb. 49.

Danach herrscht unter dem Wagen bei 250 km/h im Drehgestellbereich ein Schallpegel von 120 dB(A) sowohl auf der freien Strecke als auch im Tunnel (jeweils auf Schotteroberbau).

Bei Fahrt auf freier Strecke nimmt der Schallpegel bis zur Mitte des Wagendachs über dem Drehgestell auf 96 dB(A) ab, bis zur Wagendachmitte in Wagenmitte sogar auf 90 dB(A). Bei Fahrt im Tunnel lagen die Schallpegel am Wagendach und an der Seitenwand mit bis zu

Tab. 7 A-bewertete Schallpegel im ICE 1 und ICE 3 [39]

Baureihe	Geschwindigkeit	Schallpegel über Drehgestell	Schallpegel in Wagenmitte	Bemerkung
	km/h	dB(A)	dB(A)	
ICE 1	200	66	62	Schotteroberbau
	280	70	66	Schotteroberbau
ICE 3	300	71	68	Feste Fahrbahn
	330	73	69	Schotteroberbau

Abb. 49 Verteilung der
A-Schalldruckpegel an der
Außenhaut eines
Reisezugwagens der
Baureihe Avmz 207 bei
Fahrt auf Schotteroberbau
im Freien und im Tunnel
mit einer Geschwindigkeit
von 250 km/h

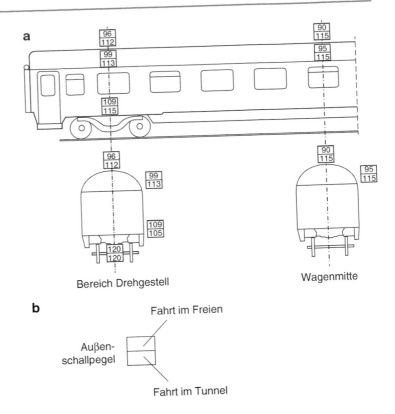

Abb. 49 Verteilung der A-Schalldruckpegel an der Außenhaut eines Reisezugwagens der Baureihe Avmz 207 bei Fahrt auf Schotteroberbau im Freien und im Tunnel mit einer Geschwindigkeit von 250 km/h

115 dB(A) jedoch deutlich höher als im Freien und erfordern somit entsprechend konstruktiv gestaltete Wand- und Dachbereiche.

10.2 Fahrerraum

An Geräusche im Fahrerraum werden sowohl in der TSI Lärm [8] aktualisiert auf jetzigen Regulierungsstand, als auch in der DIN 5566-1 [107] und dem Kodex 651 des Internationalen Eisenbahnverbands UIC [108] Anforderungen gestellt. Zudem gilt die Lärm- und Vibrationsarbeitsschutzverordnung [109], die den auf einen Arbeitstag bezogenen Schallexpositionspegel für das Personal limitiert.

Nach TSI Lärm darf das Innengeräusch im Fahrerstand bei Fahrt mit Höchstgeschwindigkeit (gültig für Geschwindigkeiten bis < 250 km/h) auf freier Strecke einen A-bewerteten Schalldruckpegel $L_{pAeq,T}$ von 78 dB(A) nicht überschreiten (Messung über 60 Sekunden). Für Höchstgeschwindigkeiten ab 250 km/h bis 350 km/h gilt ein Grenzwert von 80 dB(A).

Nach UIC 651 [108] darf im Fahrerraum der äquivalente Dauerschallpegel L_{eq}, bezogen auf eine Messzeit von 30 Minuten, bei geschlossenen Türen und Fenstern, bei Geschwindigkeiten bis 300 km/h auf gut unterhaltenem Gleis einen Wert von 78 dB(A) nicht überschreiten, 75 dB(A) sind anzustreben. Im Tunnel liegen diese Grenzwerte um 5 dB(A) höher.

Die Forderungen der DIN 5566-1 entsprechen im Wesentlichen denen des UIC Kodex. Für Fahrzeuge des Nahverkehrs und für Dieseltriebzüge ist jedoch ein Grenzwert von 75 dB(A) festgeschrieben. Die allgemeine Empfehlung der Norm ist ein Dauerschallpegel $L_{eq} < 70$ dB(A).

Einzelgeräusche, wie z. B. Warnsignale, können im Fahrerraum mit Schallpegeln von L_{AFmax} >80 dB(A) auftreten. Für das Geräusch bei Betätigung des Signalhorns des Fahrzeugs wird in der TSI Lärm ein Grenzwert von 95 dB(A) gesetzt.

In den Fahrerräumen der Triebfahrzeuge der Deutschen Bahn ist mit den Beurteilungspegeln nach Tab. 8 zu rechnen.

Fahrerraum-Innenpegel bei Fahrt im Freien zeigt die Tab. 9 [39]. Die Schallpegel wurden

Tab. 8 Beurteilungspegel in den Fahrerräumen von Triebfahrzeugen der Deutschen Bahn

Diesellokomotiven:	70–80 dB(A)
Dieseltriebzüge:	65–80 dB(A)
Elektro-Triebzüge:	65–75 dB(A)
Elektrische Lokomotiven:	65–75 dB(A)

Tab. 9 A-bewerteter Schallpegel L_A im Fahrerraum verschiedener Triebfahrzeuge bei Fahrt auf freier Strecke mit Schotteroberbau

Baureihe	Geschwindigkeit km/h	L_A dB(A)	Bemerkung
101[a]	220	81	
120[a]	160	82	
143[a]	120	74	
146[a]	160	72	
182[a]	160	74	
218[b]	130	80	
245[b]	160	73	
401 (ICE 1)[c]	250	79	
406 (ICE 3)[c]	330	78	
423 (S-Bahn)[c]	140	68	
620[d]	140	68	71 im Tunnel
644[d]	120	72	

[a]elektrische Lokomotive; [b]Diesel-Lokomotive [c]Elektro-Triebzug; [d]Diesel-Triebzug

am Ohr des Triebfahrzeugführers gemessen. Der Gleiszustand bei den Messungen war nicht in allen Fällen bekannt.

11 Spezielle Fragestellungen bei Nahverkehrsbahnen

Die bisher im Kapitel „Luftschall aus dem Schienenverkehr" beschriebenen wesentlichen Aspekte der Luftschallemission gelten gleichermaßen für Nahverkehrsbahnen wie U-Bahnen oder Straßenbahnen. Im Folgenden werden einige spezielle Fragestellungen sowie ergänzende Literatur zusammengestellt.

Die wichtigsten verkehrstechnischen, wirtschaftlichen oder umwelttechnischen Aspekte des Nahverkehrs sind unter dem Titel „Stadtbahnen in Deutschland" zu finden [110], wo ebenfalls

Regionalbahnen und S-Bahnen behandelt werden. Darin enthalten ist auch ein Kapitel zu dem hier hauptsächlich interessierenden Gebiet „Schall- und Erschütterungsschutz".

Lärmminderungsmaßnahmen im innerstädtischen Schienenpersonennahverkehr wurden in [111] untersucht und bewertet, und es werden Handlungsempfehlungen zur Lärmminderung im innerstädtischen Schienenpersonennahverkehr gegeben. Insbesondere wird, aufgrund der großen Abhängigkeit der Schallemission von der Qualität der Fahrflächen von Rad und Schiene, empfohlen, diese durch Überwachung und frühzeitige Nachbehandlung (Schienenschleifen, Radüberarbeitung) in einem günstigen Rahmen zu halten. Dies ist insbesondere vor dem Hintergrund zu sehen, dass aufgrund von Verschmutzungen, Eindrückungen und Aufrauhungen der Schienenfahrflächen und der Radlaufflächen durch Asphaltpartikel, Split oder dergleichen mit einer großen Streuung der Schallemission zu rechnen ist.

11.1 Nahverkehrsfahrzeuge

Die VDV-Schrift 154 [112] beinhaltet u. a. die Entstehung von Geräuschen bei Nahverkehrsbahnen sowie deren Messung und Berechnung. Daneben werden Empfehlungen für Pegelhöchstwerte für Lastenhefte gegeben.

Die wichtigsten Empfehlungen sind in den Tab. 10, 11 und 12 wiedergegeben.

Zur Definition der Betriebszustände Volllast und Teillast sowie der Übergangsbereiche siehe [112].

11.2 Nahverkehrsfahrwege

Fahrwege von Nahverkehrsbahnen und ihre Ausführungsformen werden in [113] ausführlich behandelt.

Die wesentlichen Besonderheiten ergeben sich aus der Trassierung im innerstädtischen Bereich und durch den bei Straßenbahnen gemischten Straßen- und Schienenverkehr.

Im innerstädtischen Bereich erfordert die Streckenführung im Straßennetz und bei Wendeschleifen häufig sehr kleine Kurvenradien bis

Tab. 10 Empfohlene Schallpegelhöchstwerte für Personenfahrzeuge mit elektrischem Antrieb – Außengeräusche [112]

Betriebszustand von Fahrzeug und Klimaanlage	Pegelart	Vorgabe	Fahrzeugart		
			U-Bahn dB(A)	Stadtbahn (hochflurig) dB(A)	Straßenbahn (niederflurig) dB(A)
Fahrzeug im Stand im aufgerüsteten Zustand (mit eingeschalteten Einzelkomponenten) max. Heizbetrieb Klimaanlage im Kühlbetrieb (Messung in 1,2 m / 3,5 m Höhe) - Volllast - Teillast)	L_{pAeq}	Messdauer ≥ 20 s	56 61/64 55/58	56 61/64 55/58	56 61/64 52/55
bei Anfahrt (bis 30 km/h) und bei Bremsung (aus 30 km/h)	L_{pAFmax}		75	75	75
bei Vorbeifahrt mit 60 km/h	$L_{pAeq, Tp}$		76	76	78

Tab. 11 Empfohlene Schallpegelhöchstwerte für Personenfahrzeuge mit elektrischem Antrieb – Geräusche im Fahrgastraum. [112]

Betriebszustand von Fahrzeug und Klimaanlage	Pegelart	Vorgabe	Fahrzeugart		
			U-Bahn dB(A)	Stadtbahn (hochflurig) dB(A)	Straßenbahn (niederflurig) dB(A)
Fahrzeug im Stand, aufgerüstet max. Heizbetrieb Klimaanlage im Kühlbetrieb - Volllast - Teillast	L_{pAeq}	Messdauer ≥ 10 s	57 63 55	59 64 56	56 65 57
bei Fahrt mit 60 km/h, Klimaanlage im Teillast-Betrieb a) im Bereich von Übergängen, Türen und Fahrwerken b) außerhalb der Bereiche unter a)	L_{pAeq}		68 65	69 66	70 (75) 68

Tab. 12 Empfohlene Schallpegelhöchstwerte für Personenfahrzeuge mit elektrischem Antrieb – Geräusche im Fahrerraum [112]

Betriebszustand von Fahrzeug und Klimaanlage	Pegelart	Vorgabe	Fahrzeugart		
			U-Bahn dB(A)	Stadtbahn (hochflurig) dB(A)	Straßenbahn (niederflurig) dB(A)
Fahrzeug im Stillstand, aufgerüstet Lüftung/Klimaanlage - Volllast-Betrieb - Teillast-Betrieb	L_{pAeq}		63 55	63 55	63 55
bei Fahrt mit 60 km/h, Klimaanlage im Teillast-Betrieb	L_{pAeq}		65	65	65

ca. 25 m. Den Kurvengeräuschen kommt damit eine sehr hohe Bedeutung bei. Aspekte von Kurvengeräuschen bei Nahverkehrsbahnen werden in [103] behandelt.

Im Bereich des Herzstückes von Weichen mit Rillenschienen läuft das Fahrzeug bei Straßenbahnen, anders als im Regelfall bei Vollbahnen, meistens auf dem Spurkranz (Flachrillenherzstück), was bei Wellen oder Riffel am Rillenboden oder bei Polygonen am Spurkranz erhöhte Körperschall- und Luftschallemissionen zur Folge haben kann.

12 Simulationsmodelle zur Prognose von Luftschall

12.1 Überblick

Wie allgemein in der Akustik haben die Methoden der Prognosen und Modellrechnungen auch im Bereich der Akustik der Eisenbahnen an Bedeutung gewonnen. Die Anwendungsgebiete reichen von den (gesetzlich vorgeschriebenen) Verfahren, die im Rahmen von Planfeststellungsverfahren für neue Bahnstrecken durchgeführt werden, über die ingenieurmäßigen Prognosen im Rahmen der Fahrzeug- und Fahrwegkonstruktion bis zu den wissenschaftlichen Modellrechnungen mit teilweise akademischem Charakter.

Empirische Verfahren

- Das in Deutschland für die Planrechtsverfahren von Bahnstrecken gesetzlich vorgeschriebene (siehe Abschn. 3.1) Prognoseverfahren für Luftschallimmissionen Schall 03 [56] ist – wie sein Vorgänger Schall 03 (1990) [10] – ein empirisches Verfahren. Die Schallemission einer Zugvorbeifahrt wird aus Schallanteilen berechnet, die verschiedenen Höhen und Quellen zugeordnet sind. Die als Oktavspektren dargestellten Schallanteile sind aus gemessenen Daten für verschiedene Fahrzeuge und Fahrwege abgeleitet und – inklusive der jeweiligen Geschwindigkeitsabhängigkeit – Bestandteil der Berechnungsvorschrift. Besonderheiten des Fahrwegs, wie beispielsweise Brücken oder Bahnübergänge, und Minderungsmaßnahmen,

z. B. Schienenstegdämpfer oder Schienenstegabschirmungen, werden durch Pegelzuschläge und Pegel-abschläge berücksichtigt. Ähnliche Verfahren wie das deutsche Verfahren nach Schall 03 sind auch in anderen Ländern üblich.

- Auch die in der Schweiz vorgeschriebenen Prognoseverfahren sind empirische Verfahren. Das Verfahren sonRAIL [114] wird in der Schweiz bei der Planung von neuen Bahnanlagen zur Berechnung der Schallemission eingesetzt und kann alternativ zu dem Verfahren SEMIBEL [159] bei der Immissionsberechnung verwendet werden.

- Die Europäische Kommission verlangt für die Lärmkartierung gemäß Umgebungslärmrichtlinie [13] eine Harmonisierung der Berechnungsverfahren und hat die Entwicklung eines EU-weit einheitlichen Berechnungsmodells (CNOSSOS-EU) beschlossen. Dieses soll für die Lärmkartierung 2017 verwendet werden. Da bislang noch kein europaweit einheitliches Verfahren vorliegt, wird in Deutschland zurzeit die auf [10] basierende „Vorläufige Berechnungsmethode für den Umgebungslärm an Schienenwegen (VBUSch)" [115] angewendet [116].

- Weitere Verfahren basieren auf gemessenen oder auch gerechneten Charakteristiken von einzelnen Schallquellen, die in einer Datenbank verwaltet werden und als Basis zur Berechnung der Vorbeifahrtpegel von ganzen Zügen dienen. Analoge Verfahren werden auch für die Fahrzeuginnengeräusche erfolgreich eingesetzt.

Numerische und analytische Verfahren

Verschiedene Frequenzbereichs-Berechnungsmodelle wurden mit gutem Erfolg für Studien von Rollgeräuschfragestellungen hinsichtlich der Fahrzeug- und Fahrwegoptimierung eingesetzt (z. B. Remington [23, 117, 118], RIM [119], TWINS [120, 121]).

Zwei Implementierungen sind hauptsächlich zu nennen:

- Das TWINS-Paket [120] wurde im Auftrag der UIC vom ERRI entwickelt. Besonderheiten von TWINS sind die Berücksichtigung von

FE-Rechnungen zur Modellierung des Rades, der Schiene zur Berücksichtigung von Querschnittsverformungen und diskreten Stützpunkten, Erweiterungen zur besseren Abbildung des Kontaktes und der Bestimmung der effektiven Rauheit aus Messdaten von Rad und Schiene [122]. Berechnungen mit TWINS können zur Bewertung des akustischen Verhaltens neuer Radbauformen durchgeführt werden [123]. Ein auf TWINS basierendes vereinfachtes Verfahren wurde im europäischen STARDAMP Projekt zur Prognose der Wirksamkeit von Radschallabsorbern [124] und Schienenstegdämpfern [125] entwickelt.

- Das Rad/Schiene-Impedanzmodell RIM [119] zeichnet sich neben der Berechnung der Schallemission durch seine Erweiterungen zur Bestimmung der Erschütterungsanregung und -ausbreitung aus.

Zeitbereichsmodelle eignen sich zur Untersuchung nichtlinearer oder instationärer Vorgänge wie z. B. dem Kurvenquietschen [126].

Für die Untersuchung aerodynamischer Fragestellungen können Methoden der numerischen Strömungsmechanik (CFD = Computational Fluid Dynamics) eingesetzt werden.

Bekannt sind weiterhin spezielle analytische Ansätze für die Bearbeitung spezifischer Problemstellungen überwiegend aus dem wissenschaftlichen Bereich. Hierzu liegt eine Vielzahl von Veröffentlichungen vor.

Das europäische Forschungsvorhaben ACOU-TRAIN [127] zielt auf die Vereinfachung der akustischen Zulassung neuer Schienenfahrzeuge ab. Durch Einführung virtueller Tests soll das bisherige, auf Messungen basierende, Zulassungsverfahren vereinfacht werden.

Die numerischen und analytischen Verfahren werden überwiegend im Bereich Forschung und Entwicklung eingesetzt, da mittels Simulationen mit geringem Aufwand eine Vielzahl an Parameterkonstellationen untersucht werden können. Die aufgeführten Verfahren weisen jedoch, neben der recht präzisen Beschreibung der physikalischen Phänomene, einen hohen Grad an Komplexität auf und benötigen eine Vielzahl an hinreichend genau bekannten Eingangsparametern, sodass sie für den allgemeinen planerischen Einsatz nicht geeignet erscheinen und in diesem Bereich die empirischen Modelle bevorzugt werden.

12.2 Rollgeräusche

Rollgeräuschmodelle

Die Mechanismen des Rollgeräusches sind in Abschn. 4.1 dargestellt.

Für das Fahrzeug und den Fahrweg wird ein Ersatzmodell aus Impedanzen aufgebaut (s. Abb. 1). Zur Simulation der Anregung wird durch den Kontaktbereich zwischen Rad und Schiene des stehenden Systems ein Rauheitsband gezogen. Basierend auf diesem Ansatz wurden verschiedene Implementierungen erstellt.

Die akustische Gesamtrauheit ergibt sich als energetische Summe der Anteile von Rad und Schiene. Die Rad-Schiene-Berührgeometrie wird durch ein Kontaktfilter abgebildet. Das Impedanzmodell des Fahrwegs wird durch Hintereinanderschaltung komplexer verlustbehafteter Federelemente realisiert:

- die Schiene als kontinuierlicher oder diskret gestützter Balken,
- Zwischenlage und Schotter als Feder-/Dämpferelemente,
- die Schwelle als Masse oder auch als komplexe Impedanz eines Balkens.

Das Grundprinzip erlaubt es auch zusätzliche elastische Elemente, wie z. B. Schwellensohlen u. ä., einfach zu berücksichtigen.

Das Fahrzeug wird bezogen auf ein Rad abgebildet. Im einfachsten Fall wird hierzu die Radmasse, mit modaler Erweiterung zur Abbildung der Radeigenfrequenzen, sowie die anteilige Drehgestell- und Wagenkastenmasse bei Einbeziehung von Primär- und Sekundärfeder und -dämpfer beschrieben.

Der Rechenablauf folgt den Mechanismen des Rollgeräusches:

- Ermittlung der effektiven Rauheit (kontaktgefilterte energetische Summenrauheit von Rad und Schiene),
- Bestimmung der Einzelimpedanzen von Rad, Schiene und Kontakt,
- Bestimmung der Schnellen auf den Einzelkomponenten durch Verknüpfung der Impedanzen und Beaufschlagen mit der effektiven Rauheit und
- Abstrahlung und Ermittlung der Schalldruckpegel an Mikrofonpositionen bzw. der abgestrahlten Schallleistung der Komponenten.

12.3 Innengeräusche und Aggregatgeräusche

Lärmmanagement

Bei der Entwicklung von Fahrzeugen müssen i. d. R. Lastenheftwerte und gesetzliche Grenzwerte eingehalten werden.

Prognosen des Außengeräusches und des Innengeräusches

- unterstützen den Entwurfsprozess,
- erlauben die Spezifikation von Luft- und Körperschallleistungen für Aggregate,
- decken akustische Schwachstellen in der Konstruktion auf und
- leiten die daraus erforderlichen Verbesserungsmaßnahmen zur Einhaltung der Grenz- und Zielwerte ab.

Zur optimierten Geräuschminderung sind auch auf die dominierenden Schallquellen bezogene Sensitivitätsanalysen möglich [49, 128].

Prognosen der Innen- und Außengeräusche sind heutzutage mit einer hohen Genauigkeit möglich. Voraussetzung dafür sind ein abgesichertes Rechenmodell, Erfahrung und eine messtechnisch ermittelte Datenbasis akustischer Kenngrößen [129].

Rechenmodelle

Ausgangssituation für Sensitivitätsanalysen gemäß [49] ist die Bestandsaufnahme der Quellen für Luft- und Körperschallentstehung und ihrer Kenngrößen sowie der Eigenschaften der Über-

tragungswege. Für die Luftschallquellen sind entsprechende Schallleistungspegel, für die Körperschallquellen Kräftepegel als beschreibende Größen erforderlich. Das Fahrzeug wird durch seine Geometrie, die Lage der Quellen und die akustischen Parameter (Schalldämmung der Bauteile, Nachhallzeit im Innenraum, Körperschalldämpfung der Strukturelemente, u. a.) seiner Konstruktion beschrieben. Basierend auf den Quellorten und den Struktureigenschaften in Fahrzeuglängsrichtung wird eine Segmentierung vorgenommen, für die der Luftschalleintrag durch Außenwände, Boden und Dach und die Segmentgrenzen sowie die Körperschalleinleitung in die Segmente und die anschließende Weiterleitung innerhalb der Segmente betrachtet wird. Hierbei sind die zahlreichen Transferpfade von der Quelle bis zur Schallimmission im Fahrzeuginneren zu berücksichtigen.

Abb. 50 zeigt schematisch einen vereinfachten Fahrzeugquerschnitt sowie ein Segment für das Modell mit einer Auflistung der zu berücksichtigenden Quellpositionen und der relevanten Strukturelemente.

In den Tab. 13 und 14 ist exemplarisch für einen bestimmten Triebzug eine Bewertung der Ergebnisse einer Simulationsrechnung dargestellt. Die Tabellen zeigen die wichtigsten Einflussgrößen im Übertragungsweg und die wichtigsten Quellgrößen für das betrachtete Fahrzeug. Derartige Sensitivitätsanalysen können für eine wirtschaftliche Optimierung der Geräuschsituation im und um ein Fahrzeug verwendet werden.

Auch bei diesen Rechnungen ist die Qualität der Modellparameter und der vorliegenden Messdatenbasis entscheidend für die Güte der Prognosen. Zu bestimmen sind z. B.

- die Luftschallleistungen und die Lagerkräfte der Geräuschquellen,
- die Schalldämmungen der Bauelemente,
- die Eingangsimpedanzen,
- Körper- und Luftschallübertragungen,
- die Verlustfaktoren der Strukturen,
- die Nachhallzeit im Innenraum,
- akustische Radrauheiten, akustische Schienenrauheiten und die Abklingraten des Versuchsgleises.

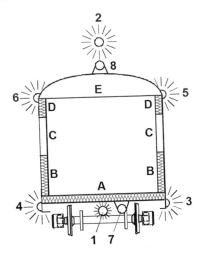

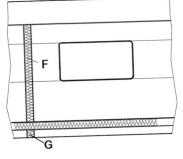

Abb. 50 Schematisiertes Modell für das Lärmmanagement: Fahrzeugstruktur sowie Körperschall- und Luftschallquellen: 1 Unterflurluftschallquelle; 2 obenliegende Luftschallquelle (z. B. Stromabnehmer); 3,4 untenliegende seitliche Luftschallquellen (z. B. Lüfter); 5,6 obenliegende seitliche Luftschallquellen (z. B. Klimaanlage); 7 Körperschallquelle unterflurseitig; 8 Körperschallquelle auf dem Dach, A Fußboden, B Seitenwand unter dem Fenster, D Seitenwand über dem Fenster, C Fenster, E Dach, F Innenwand und G Schott unterflur

Tab. 13 Bedeutung des Einflusses der Parameter der Übertragungselemente auf den Innenschall am Beispiel eines bestimmten Triebzuges (die hier dargestellte Bewertung der Komponenten gilt *nur* für dieses Fahrzeug)

Übertragungselement	freie Strecke	Tunnel
Schalldämmung Boden	++++++	+++
Schalldämmung Außentüren	+	+++
Schalldämmung Außenwände	+	++
Schalldämmung Dach		+++
Nachhallzeit Fahrerstand	+++++	+++++
Nachhallzeit Fahrgastraum	++++++	++++++
Anschlußimpedanz Unterboden	+	+
Schalldämmung Faltenbalg	+++	+++
Dämpfung zwischen Boden und Wand	++++++	++++++

Tab. 14 Bedeutung der Quellen für den Schall am Beispiel eines bestimmten Triebzuges (die hier dargestellte Bewertung der Quellen gilt *nur* für dieses Fahrzeug)

Schallquelle	Innenschall	Außenschall
Rollgeräusch Gleisanteil	+++++	+++
Rollgeräusch Radanteil	++++	++
Druckluftversorgung	+	+
Stromabnehmer	+	++
Antriebsmotoren	++	++++
Klimaanlage	+	
Körperschall Drehgestell	+++++	

13 Bahnakustische Messungen

13.1 Außengeräuschmessungen

Außengeräuschmessungen werden durchgeführt:

- im Rahmen von Fahrzeugzulassungen nach TSI Lärm [8] oder nach Kundenanforderungen,
- zur Messung der Geräuschimmissionen von Schienenverkehrswegen im praktischen Fahrbetrieb,
- zum Nachweis der Wirksamkeit von Lärmminderungsmaßnahmen (s. Abschn. 13.6) und
- im Rahmen der Fahrzeugentwicklung.

Die Messung des Außengeräusches eines Schienenfahrzeugs nach DIN EN ISO 3095 [18] unterscheidet zwischen

- Messungen im Stand,
- Messungen bei konstanter Geschwindigkeit,
- Messungen bei Anfahrt,
- Messungen bei Bremsung.

Für alle Messungen sind in der modular aufgebauten Norm [18] die Umgebungsbedingungen, die

Gleisbedingungen, der Fahrzeugzustand sowie dessen Betriebsbedingungen, die Messpositionen, die Messgrößen und das Messverfahren beschrieben.

Für das Signalhorn werden Anforderungen und Messverfahren in der DIN EN 15153-2 [130] definiert. Ziel ist die Sicherstellung der Hörbarkeit herannahender Schienenfahrzeuge.

Weitere Messungen an Signalhörnern werden in der UIC 644 [131] beschrieben.

Die DIN 45642 [132] beschreibt Messungen zur Ermittlung von Geräuschimmissionen von Schienenverkehrswegen und auf ihnen verkehrenden Schienenfahrzeugen im praktischen Fahrbetrieb sowie zur Ermittlung von Geräuschemissionen und -immissionen von Verkehrswegen vor und nach der Durchführung von Schutzmaßnahmen. Die Schallemission wird durch den für Verkehrsgeräusche gebräuchlichen Emissionspegel und die Schallimmission durch den Mittelungspegel (äquivalenten Dauerschallpegel) beschrieben.

13.2 Innengeräuschmessungen

Die Messung von Innengeräuschen dient

- der Beurteilung des Reisekomforts für Fahrgäste,
- dem Nachweis der Einhaltung von Arbeitsschutzanforderungen für Arbeitsplätze,
- dem Nachweis der Hörbarkeit von Warnsignalen für Triebfahrzeugführer,
- der Beurteilung der Sprachverständlichkeit von akustischen Informationen für Reisende sowie
- dem Nachweis der Einhaltung von Anforderungen an Einzelkomponenten, wie z. B. Türsignalen.

Zur Messung von Innengeräuschen existieren zahlreiche Normen und Richtlinien. Einen zusammenfassenden Überblick enthält [133].

Die wichtigsten Normen und Regelwerke zur Messung von Innengeräuschen sind:

- DIN EN ISO 3381 [134], die Messungen im Stand, Messungen bei konstanter Ge-

schwindigkeit, Messungen bei Anfahrt und Messungen bei Bremsung behandelt. Sie beschreibt u. a. die Messgrößen, Messgeräte, Messbedingungen, Messpositionen und Messverfahren,

- DIN EN 15892 [19] wird für die Prüfung der in der TSI Lärm enthaltenen Anforderungen an Innengeräusche im Fahrerraum bei Signalhornbetätigung und bei Fahrt mit Höchstgeschwindigkeit verwendet,
- Verfahren zur akustischen Messung von Türsignalen und Anforderungen an die Sprachverständlichkeit sind in DIN EN 16584-2 [135] enthalten.

13.3 Schienenrauheit

Seit 2005 wird in den Messnormen für das Vorbeifahrtgeräusch von Schienenfahrzeugen und das Innengeräusch bei Fahrt eine Kontrolle der akustischen Schienenrauheit vorgeschrieben. Dies hat auch Eingang in die europäischen gesetzlichen Regelungen [14, 15] gefunden. Zur Qualifizierung von Referenzgleisen werden Schienenrauheitsmessungen benötigt. Das Verfahren zur Messung der akustischen Schienenrauheit ist in DIN EN 15610 [136] beschrieben. In [18] wird ein Grenzspektrum der Schienenrauheit definiert, dessen Einhaltung sicherstellen soll, dass die akustische Rauheit der Schiene klein im Vergleich zu den akustischen Rauheiten der Räder ist. Die Messungen auf verschiedenen Referenzgleisen können als vergleichbar angesehen werden. Dies erlaubt die Festlegung von Grenzwerten für das Vorbeifahrtgeräusch, wie z. B. in der TSI Lärm [8].

Je nach Breite des Fahrspiegels des akustisch zu messenden Schienenfahrzeugs wird die Rauheit auf 1–3 Spuren mit einer Abtastung von höchstens 1 mm in Längsrichtung auf mindestens 7,2 m Länge je Schiene durchgeführt.

Der zu erfassende Wellenlängenbereich hängt zwingendermaßen vom zu betrachtenden Frequenzbereich und der Geschwindigkeit der Fahrzeuge ab. Gemäß DIN EN 15610 [136] müssen mindestens die Wellenlängen in den Terzen von 0,003 m bis 0,1 m (bei hohen Geschwindigkeiten bis 25 cm) erfasst werden.

Die Messerfahrung zeigt, dass in den Rohdaten häufig Spitzen (Spikes) und Vertiefungen (Pits) enthalten sind, die durch Schmutzpartikel auf der Schienenoberfläche oder Eindrückungen der Schienenoberfläche verursacht werden. Spikes werden bei der Überfahrt des Schienenfahrzeugs überrollt und tragen nicht zur akustisch relevanten Schienenrauheit bei. Das gleiche gilt für Vertiefungen, deren Abmessungen zu klein im Vergleich zur Kontaktfläche sind. Diese Spikes und Pits bewirken ein breitbandiges Spektrum, welches das Spektrum vor allem im kurzwelligen Bereich deutlich anhebt. Sowohl Spikes als auch Pits müssen daher aus den Messdaten vor deren weiterer Verarbeitung entfernt werden. Es wurden verschiedene Algorithmen zu dem in [138] erstmalig veröffentlichten Konzept erarbeitet und angewendet. Erst im Zuge der Einführung der DIN EN 15610 [136] wurden vereinheitlichte automatische Algorithmen zur Pits- und Spikes-Korrektur festgelegt. Die Spikes-Korrektur basiert auf der Entfernung von Spitzen aus dem Messsignal. Kriterien hierfür sind die Steilheit des Spikes und die Krümmung im Maximum. Die Glättung von Pits erfolgt durch die Simulation des Überrollvorgangs eines ideal runden Rades.

Das Terzspektrum der Rauheit wird entweder über Terzbandfilter oder über eine FFT bestimmt.

Die Messung kann mit stationären Geräten, wie dem Schienenrauheitsmessgerät m|rail oder mit verfahrbaren Geräten, wie z. B. m|rail trolley [139], durchgeführt werden. Bei m|rail basiert das Messprinzip auf einem Referenzbalken mit einem relativen Wegmesssystem, die Messlänge beträgt 1,2 m. Bei m|rail trolley stellt das Messgerät selbst die verschiebliche Referenzebene dar, wodurch beliebige Messlängen gemessen werden können. Beide Geräte basieren auf einem Wegsensor mit einer Auflösung von 0,1 µm. Gebräuchlich sind ebenfalls Messgeräte, deren Grundprinzip auf der Messung der vertikalen Beschleunigung eines über die Schienenoberfläche geführten Kontaktpunktes basiert. Nachteilig ist hier die Notwendigkeit einer doppelten Integration, um aus der gemessenen Beschleunigung die Rauheit zu bestimmen.

Die Definition der Grenzkurven stellt hinsichtlich der erforderlichen Genauigkeit Anforderungen an die Messtechnik und den zu messenden Wellenlängenbereich. Für alle Geräte ist die maximal darstellbare Wellenlänge begrenzt. Bei stationären Geräten mit einer Messlänge von 1,2 m ergibt sich die maximale Messlänge aus der Forderung, dass ein Terzbandwert aus mindestens drei FFT-Linien gebildet wird, womit Wellenlängen bis zu 10 cm ausgewertet werden können.

13.4 Radrauheit

Radrauheitsmessgeräte werden üblicherweise auf einer Schiene magnetisch befestigt, das Schienenfahrzeug wird angehoben, die Radlager (oder die Drehgestelle) abgestützt und die Räder von Hand gedreht. Bei dem Abstützen der Drehgestelle ist auf ein steifes Überbrücken der Primärfeder zu achten. Ein Weggeber misst die akustische Rauheit des Rades. Hierbei ist zu beachten, dass Spiel und Rauheiten in den Achslagern in den Messwert eingehen.

Der Datenauswertealgorithmus ähnelt dem für die Schienenrauheit; zusätzlich zu den Terzbandspektren werden aus den FFT-Spektren die sogenannten Radharmonischen gewonnen, womit der Unrundheit (erste FFT-Linie) und der folgenden Radpolygonisierung der n-ten Ordnung ein Wert beigemessen wird. Derzeit ist das Verfahren zur Bestimmung von akustischen Radrauheiten noch nicht normativ festgelegt, wird aber im Zuge der aktuellen Überarbeitung in die Norm [136] aufgenommen.

13.5 Abklingrate

Die Messung und Bestimmung der Gleisabklingrate erfolgt nach DIN EN 15461 [140].

Zur Messung wird ein Beschleunigungsaufnehmer am Gleis befestigt. Mit einem Impulshammer wird an 28 Messpositionen entlang des Gleises die Übertragungsfunktion zwischen dem Hammerimpuls und der gemessenen Beschleunigung bestimmt. Die Messungen werden in vertikaler und horizontaler Richtung durchgeführt. Zur Auswertung wird die Abnahme der Übertragungsfunktionen an den Messpunkten, bezogen auf die Übertragungsfunktion bei Anregung am Ort des Beschleunigungsaufnehmers, bestimmt. Aus einer Integration dieser Abnahme über die Gleislänge wird rechnerisch die Abklingrate bestimmt. Da die Übertragungsfunktion bei Anregung am Ort des Beschleunigungsaufnehmers von besonderer Bedeutung für die korrekte Bestimmung der Abklingraten ist, ist deren korrekte Ermittlung vorab durch eine Konsistenzprüfung sicherzustellen. Dazu werden Messungen der Punktübertragungsfunktionen in 3 nahe beieinanderliegenden Schwellenfächern durchgeführt und aus dem Vergleich der Ergebnisse ein plausibler Anbringungsort für den Beschleunigungsaufnehmer bestimmt.

Zur Qualifizierung von Referenzstrecken bei der Abnahmemessung von Zügen fordern die Messnormen nach [18] sowie die TSI Lärm [8] die Einhaltung von Mindestabklingraten, welche frequenzabhängig in Terzbändern über Grenzkurven beschrieben sind.

Die Abb. 51 zeigt die im Rahmen einer großen Messkampagne bestimmten Gleisabklingraten auf dem Schweizer Schienennetz für typische Oberbaukonfigurationen nach [141, 142].

Es ist jeweils der Mittelwert, das 10 % und 90 % Quantil sowie zur besseren Vergleichbarkeit das Grenzspektrum der DIN EN ISO 3095 [18] angegeben. Zu Oberbauten mit Betonschwellen und harten Zwischenlagen ist anzumerken, dass ein derzeit noch nicht identifizierter Parameter die Gleisabklingraten stark beeinflusst und sich hier zwei unterschiedliche Verläufe der Abklingrate ergeben können.

13.6 Nachweismessungen für Lärmminderungsmaßnahmen

Um die Wirkung einer Lärmminderungsmaßnahme zu bestimmen, sind in der Regel Messungen unter realen Bedingungen erforderlich. Zur Anerkennung der Wirkung in einer Berechnungsvorschrift wie der Schall 03 sollten dabei die in [143] zusammengetragenen Vorgaben zur Konzeptionierung der Messungen sowie zur Auswertung und Dokumentation berücksichtigt werden. Für eine vorgegebene Lärmminderungsmaßnahme

werden die Auswahl einer geeigneten Messstelle, die Erstellung einer Prüfspezifikation sowie die Durchführung, Auswertung und Dokumentation der Messung beschrieben. Folgende Lärmminderungsmaßnahmen werden dabei behandelt:

- Maßnahmen am Fahrweg: Verbesserung der Schienenfahrflächenqualität (z. B. durch Schienenschleifen), Reduktion der Schwingungen von Schiene, Schwelle, Fahrbahnplatte (z. B. durch Dämpfer), Formoptimierungen und Absorption der abgestrahlten Schallwellen durch Einbauten im Gleis (z. B. durch Absorberplatten),
- Maßnahmen am Ausbreitungsweg (Schallschutzwände und -wälle),
- Maßnahmen zur Reduktion des Brückendröhnens bzw. zur Reduktion des Kurvenquietschens.

Zur Bestimmung der Wirkung einer Lärmminderungsmaßnahme wird ein Verfahren empfohlen, das eine Messung vor und nach Einbau der Maßnahme an einem Test- und einem anschließenden Referenzabschnitt vorsieht (siehe Abb. 52).

Für Maßnahmen am Fahrweg wird die Luftschallmessung während der Vorbeifahrt von Zügen entsprechend DIN EN ISO 3095 [18] in einem Abstand von 7,5 m von der Gleismitte und einer Höhe von 1,2 m über Schienenoberkante sowie in einem Abstand von 25 m von der Gleismitte und einer Höhe von 3,5 m über Schienenoberkante durchgeführt (siehe Abb. 53).

Bei Maßnahmen am Ausbreitungsweg sind weitere Messpositionen in verschiedenen Höhen über der Schienenoberkante erforderlich. Werden Maßnahmen zur Reduktion des Brückendröhnens betrachtet, sollten auch Körperschall-Messungen an der Brückenkonstruktion erfolgen. Die Reduktion des Kurvenquietschens muss unter Beachtung der Wetterbedingungen an mehreren Messpunkten entlang der Kurven gemessen und die Ergebnisse müssen aufgrund des stochastischen Auftretens über einen längeren Zeitbereich gemittelt werden. In allen Fällen müssen Messungen während mehrerer Zugvorbeifahrten einer Kategorie (abhängig von Zugtyp und -geschwindigkeit) erfolgen. Die Anzahl der Zugvorbeifahrten kann nach [132] festgelegt werden.

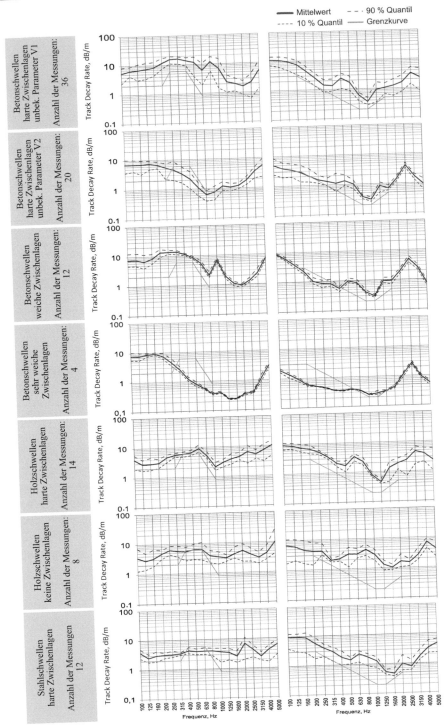

Abb. 51 Auf dem Schweizer Schienennetz bestimmte Gleisabklingraten typischer Oberbaukonfigurationen [141]

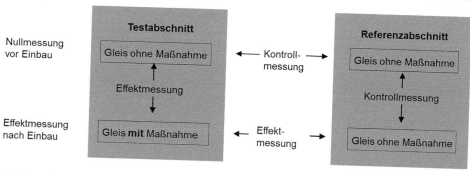

Abb. 52 Allgemeines Verfahren zur Bestimmung der Wirkung einer Lärmminderungsmaßnahme. Die Maßnahme wird am Testabschnitt eingebaut, der Referenzabschnitt dient der Kontrolle [143]

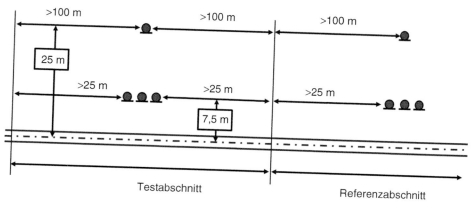

Abb. 53 Messpositionen zur Bestimmung der Wirkung einer Lärmminderungsmaßnahme

Zur Interpretation der Ergebnisse zur Reduktion des Rollgeräusches sind weiterhin die Einflussfaktoren, wie z. B. die akustische Schienenrauheit und die Gleisabklingrate, zu bestimmen und in der Auswertung zu berücksichtigen.

Da der Aufwand, eine neue Lärmminderungsmaßnahme im Feldversuch zu testen, aufgrund der komplexen Zulassungsprozeduren sehr kompliziert und kostenintensiv ist, soll zukünftig vermehrt die Wirkung eines Produktes auf einem Prüfstand untersucht werden. So ist es z. B. für Schienenstegdämpfer gelungen, ein Verfahren zur Bestimmung der Lärmminderungswirkung mittels Messungen der Abklingrate an einer 6 m langen Schiene im Labor und Prognoserechnung der resultierenden Lärmminderung zu entwickeln [125].

13.7 Bestimmung der Eigenschaften elastischer Elemente

Voraussetzung für erfolgreiche Prognosen und Modellrechnungen ist die Beschaffung einer gesicherten Datenbasis für die Modellparameter. Einfach zu bestimmen sind die geometrischen Abmessungen und die Massen der Bauteile.

Die Bestimmung der Parameter für die elastischen Elemente, d. h. deren komplexe Federsteifen, ist deutlich aufwendiger. Bewährt haben sich hier Labormessungen zur direkten Messung der Steifen im Prüfstand und Feldmessungen, aus denen die für deren Bestimmung erforderlichen Parameter abgeleitet werden. Prüfstandsmessungen zur Bestimmung der dynamischen Federsteife werden in allgemeinen Normen [148], in spezielleren Normen für in den Bahnbereich [144, 145] und auch in den Technischen Lieferbedingungen der Deutschen Bahn AG [146, 147] beschrieben.

Im Allgemeinen wird das dynamische Verhalten eines elastischen Elements unter Normalkrafteinwirkung durch die vier Kraft- und Weggrößen auf der Ober- und Unterseite des Elements in Kraftrichtung bestimmt. Anstelle von Auslenkungen können auch Geschwindigkeiten oder Beschleunigungen berücksichtigt werden. Falls das Verhalten der zu testenden Elemente vom Steifheitscharakter dominiert wird, reicht als charakteristischer Parameter die Transfersteife als Verhältnis zwischen der Kraft am Ausgang und der Verformung am Eingang aus.

Verfahren zum Messen dieser Transfersteife sind in den Teilen 1, 2 und 3 der ISO 10846 [148, 149, 150] enthalten.

Für derartige Messungen ist eine lineare Beziehung zwischen den zu messenden dynamischen Parametern von fundamentaler Bedeutung. Dies bedeutet, dass die Amplituden der kleinen „akustischen Bewegungen" an einem definierten Arbeitspunkt linear mit den Amplituden der dynamischen Kräfte ansteigen. Im Allgemeinen wird der Betriebspunkt durch eine statische Vorlast bestimmt.

Abb. 54 zeigt einen Prüfstandsaufbau für Transfersteifemessungen nach der direkten Methode, wie in [149] beschrieben.

Der Prüfling, hier eine Schienenbefestigung, wird auf einer Kraftmesseinheit (4, 5) platziert, die starr mit der Aufspannfläche eines 4-säuligen Schwerlastprüfstands verankert ist. Über dieser Anordnung befindet sich eine verfahrbare Traverse zur Aufbringung der statischen Vorlast. An deren Unterseite ist eine Vorlasteinheit (3) elastisch befestigt (2). An der oberen Seite des Balkens ist ein elektrodynamischer Shaker angebracht. Dieser ist auf der Traverse elastisch gelagert, um die in den Prüfstand übertragenen Reaktionskräfte zu minimieren. Über die Traverse wird die Vorlasteinheit (3), die mit Beschleunigungssensoren zur Regelung der Anregungsgröße bestückt ist, mithilfe einer Schwerlast-Stößelstange auf den Prüfling aufgebracht. Die oszillierende Kraft des elektrodynamischen Shakers überlagert die statische Vorlast.

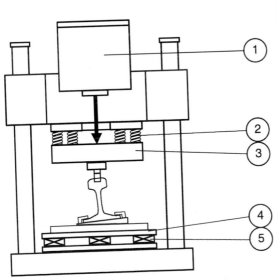

Abb. 54 Links: Prüfaufbau zur Messung der vibroakustischen Transfereigenschaften von elastischen Elementen entsprechend der Direkten Methode nach [149]: (1) dynamischer Shaker für die dynamische Wechsellast, (2) elastische Elemente zur Einkopplung der statischen Vorlast, (3) Vorlasteinheit, (4) Bodenplatte, (5) Kraftmesszellen. **Rechts:** Prüfaufbau für direkte Messungen nach [149]; dargestellt ist die Installation einer Schienenbefestigung für Feste Fahrbahnen

Die dynamische Transfersteife des elastischen Elementes wird aus der am Prüfstand ermittelten Übertragungsfunktion Kraft-Weg und den Massenkorrekturen der Kraftmessplattform bestimmt. Der Weg wird dabei durch doppelte Integration der Beschleunigungssignale ermittelt.

13.8 Transferpfadanalyse TPA /Operationelle Transferpfadanalyse – oTPA

Aufgrund fortschreitender Entwicklungen im Bereich der Mess- und Auswertesoftware in den vergangenen Jahren wird die Methode der Transferpfadanalyse und insbesondere der operationellen Transferpfadanalyse vermehrt angewendet. Bei der Transferpfadanalyse TPA werden in teils langwierigen Messreihen die Körperschall- und Luftschall-Übertragungsfunktionen am zu untersuchenden Objekt durch Impulsanregung ermittelt. Dies erfordert teilweise den Ausbau der Aggregate.

Moderner ist das Verfahren der oTPA, bei der die Messdaten im Betrieb als Anregung der Gesamtstruktur verwendet werden. Mit einem Berechnungsverfahren auf der Basis der PCA (Principal Component Analysis) werden daraus die Übertragungsfunktionen von einem Messpunkt zum Zielpunkt (z. B. Mikrofonposition im Fahrzeuginneren) durchgeführt. Die quellbeschreibenden Messpunkte müssen dabei so gewählt werden, dass sie nahe an den Teilquellen liegen, die Körperschall in die Struktur einleiten oder Luftschall abstrahlen. Zudem müssen sie auf einer Schnittebene liegen (z. B. auf der Ebene der Sekundärfederung).

Da die Anteile einer Körperschallquelle oder einer Luftschallquelle nicht nur über einen einzelnen Pfad zum Zielpunkt gelangen, sondern auch über Nebenwege, muss das Übersprechverhalten rechnerisch kompensiert werden (Nebenwegkompensation, engl. CTC: cross talk cancellation). Für Schienenfahrzeuge ist dies von großer Bedeutung, da die Teilquellen im Fahrzeug relativ nahe beieinander liegen, wodurch die Übertragungsfunktionen benachbarter Quellpunkte teilweise korrelierte Informationen beinhalten.

Schließlich können alle Anteile der Teilquellen über deren Übertragungsfunktionen am Zielpunkt zum Gesamtgeräusch linear superpositioniert werden. Dazu wird i. d. R. mit Hilfe eines grafischen Interfaces ein Netzwerk erstellt, in dem die Quellen mit ihren dazugehörigen berechneten nebenwegfreien Übertragungsfunktionen verbunden werden können.

Anschließend kann ein Vergleich des Syntheseergebnisses mit der realen Messung erfolgen [151, 152].

13.9 Schallquellenortung

Zur Ortung und Erforschung der Schallquellen von Schienenfahrzeugen sind häufig Schallmessverfahren notwendig, die über die Normen [18, 28] hinausgehen. Ist die Schallquelle stationär, wie z. B. auf Prüfständen oder in Windkanälen, können die schallabstrahlenden Bereiche mit dem Verfahren der akustischen Nahfeldholografie auf wenige Zentimeter genau geortet werden. Auch die Anwendung von Schallintensitätsmessverfahren ist für stationäre Quellen sehr gut geeignet.

Zur Ortung von bewegten Schallquellen, wie Einzelschallquellen an vorbeifahrenden Zügen (z. B. Stromabnehmer, Räder), haben sich sogenannte Beamforming-Verfahren bewährt [153, 154]. Die Schalldruckpegelerfassung erfolgt mit aus mehreren Mikrofonen aufgebauten Mikrofon-Arrays. Mit dem Verfahren Beamforming wird die Richtcharakteristik des Mikrofon-Arrays virtuell verschwenkt [155] und der vorbeifahrende Zug akustisch abgetastet. Das Ergebnis kann anschaulich als Schallfeldkartierung des Zuges dargestellt werden, siehe z. B. in Abb. 55. Für die Qualität der erzielten Ergebnisse sind insbesondere die Anzahl und Anordnung der Mikrofone, die Phasengleichheit der einzelnen Kanäle zueinander und die verwendete Signalverarbeitung relevant [155, 157]. Da für das Verfahren die Laufzeitunterschiede von der Quelle zum jeweiligen Mikrofon entscheidend sind, müssen für die Detektion tieffrequenter Schallquellen entsprechend große Arrayabmessungen realisiert werden.

≤84 dB(A)   ≥91 dB(A)

Abb. 55 Schallfeldkartierung des Dachbereichs mit gesenktem Stromabnehmer und Wagenübergang eines ICE 3 bei einer Vorbeifahrgeschwindigkeit von 350 km/h [157]. Die Ermittlung erfolgte mittels Array mit spiralförmiger Mikrofonanordnung und Anwendung des Beamforming-Verfahrens

13.10 Produktnormen

Zahlreiche Produktnormen beschreiben die Messung einzelner Komponenten. Beispielhaft sei hier die DIN EN 16286 [158] genannt, die ein Messverfahren zur Vermessung von Übergangskonstruktionen zwischen zwei Wagen bereitstellt.

14 Danksagung

Wir danken allen Kollegen für die Unterstützung bei der Neufassung des Kapitels, namentlich den Herren Dr. Bernd Asmussen, Christian Gutmann, Michael Hieke, Dr. Friedrich Krüger, Alex Sievi, Gunther Sigl und Hans-Jörg Terno.

Literatur

1. Wettschureck, R.G., Hauck, G., Diehl, R.J., Willenbrink, L.: Geräusche und Erschütterungen aus dem Schienenverkehr, Kapitel 17. In: von Müller, G., Möser, M. (Hrsg.) Taschenbuch der Technischen Akustik, 3. Aufl. Springer, Berlin/Heidelberg/New York/London (2004)
2. Wettschureck, R.G., Hauck, G., Diehl, R.J., Willenbrink, L.: Noise and vibrations from railbound traffic, Chapter 16. In: Möser, M., Müller, G.H. (Hrsg.) Handbook of Engineering Acoustics, 1. Aufl. Springer, Berlin/Heidelberg/New York/London (2012)
3. DIN 45641: Mittelung von Schallpegeln, Juni (1990)
4. TEIV: Verordnung über die Interoperabilität des transeuropäischen Eisenbahnsystems (Transeuropäische-Eisenbahn-Interoperabilitätsverordnung -TEIV) vom 5. Juli 2007 (BGBl I S. 1305), zuletzt geändert durch Artikel 1 der Siebten Verordnung zur Änderung eisenbahnrechtlicher Vorschriften vom 10. Dezember (2012)
5. BImSchG: Gesetz zum Schutz vor schädlichen Umwelteinwirkungen durch Luftverunreinigungen, Geräusche, Erschütterungen und ähnliche Vorgänge (Bundes-Immissionsschutzgesetz – BImSchG) in der Fassung der Bekanntmachung vom 17. Mai 2013 (BGBl. I S.1274), das durch Artikel 1 des Gesetzes vom 2. Juli 2013 (BGBl. I S.1943) geändert worden ist (2013)
6. 16. BImSchV: Sechzehnte Verordnung zur Durchführung des Bundes-Immissionsschutzgesetzes (Verkehrslärmschutzverordnung – 16. BImSchV), geändert durch die Verordnung zur Änderung der Sechzehnten Verordnung zur Durchführung des Bundes-Immissionsschutzgesetzes vom 18.12.2014, Bundesgesetzblatt Jahrgang 2014 Teil I Nr. 61 (2014)
7. 24. BImSchV: Vierundzwanzigste Verordnung zur Durchführung des Bundes-Immissionsschutzgesetzes (Verkehrswege-Schallschutzmaßnahmenverordnung – 24. BImSchV) vom 04.02.1997, Bundesgesetzblatt Jahrgang (1997) Teil I Nr. 8(1997)
8. TSI Lärm: Verordnung (EU) Nr. 1304/2014 der Kommission vom 26. November 2014 über die technische Spezifikation für die Interoperabilität des Teilsystems „Fahrzeuge – Lärm" sowie Änderung der Entscheidung 2008/232/EG und Aufhebung des Beschlusses 2011/229/EU (2014)
9. BImSchGÄndG: Elftes Gesetz zur Änderung des Bundes-Immissionsschutzgesetzes (11. BImSchGÄndG) in der Fassung vom 02. Juli 2013 (BGBl. I S.1943) (2013)
10. Schall 03 (1990): Richtlinie zur Berechnung der Schallimmissionen von Schienenwegen – Schall 03;

Information Akustik 03 der Deutschen Bundesbahn, Ausgabe (1990)

11. Akustik 04: Richtlinie für schalltechnische Untersuchungen bei der Planung von Rangier- und Umschlagbahnhöfen. Information Akustik 04 der Deutschen Bundesbahn, Ausgabe (1990)

12. Akustik 23: Richtlinie für die Anwendung der Verkehrswege-Schallschutzmaßnahmenverordnung – 24. BImSchV – bei Schienenverkehrslärm (Akustik 23). Schriftenreihe Akustik, Deutsche Bahn AG, Ausgabe (1997)

13. Umgebungslärmrichtlinie: Richtlinie 2002/49/EG des Europäischen Parlaments und des Rates vom 25. Juni 2002 über die Bewertung und Bekämpfung von Umgebungslärm (2002)

14. TSI Hochgeschwindigkeit: Entscheidung der Kommission vom 30. Mai 2002 über die technische Spezifikation für die Interoperabilität des Teilsystems „Fahrzeuge" des transeuropäischen Hochgeschwindigkeitsbahnsystems gemäß Artikel 6 Abs. 1 der Richtlinie 96/48/EG (2002/735/EG) (2002)

15. TSI Lärm: Entscheidung der Kommission vom 23. Dezember 2005 über die Technische Spezifikation für die Interoperabilität (TSI) zum Teilsystem „Fahrzeuge – Lärm" des konventionellen transeuropäischen Bahnsystems (2006/66/EG) (2006)

16. TSI Hochgeschwindigkeit: Entscheidung der Kommission vom 21. Feb. 2008 über die technische Spezifikation für die Interoperabilität des Teilsystems „Fahrzeuge" des transeuropäischen Hochgeschwindigkeitsbahnsystems (2008/232/EG) (2008)

17. TSI Lärm: Beschluss der Kommission vom 04. April 2011 über die Technische Spezifikation für die Interoperabilität (TSI) zum Teilsystem „Fahrzeuge – Lärm" des konventionellen transeuropäischen Bahnsystems (2011/229/EU) (2011)

18. DIN EN ISO 3095: Akustik – Bahnanwendungen – Messung der Geräuschemission von spurgebundenen Fahrzeugen (ISO 3095); Deutsche Fassung EN ISO 3095:2013 (2014)

19. DIN EN 15892: Bahnanwendungen – Geräuschemission – Geräuschmessung im Fahrerraum; Deutsche Fassung EN 15892:(2011)

20. TSI PRM: Entscheidung der Kommission vom 21. Dez. 2007 über die technische Spezifkation für die Interoperabilität bezüglich „eingeschränkt mobiler Personen" im konventionellen transeuropäischen Eisenbahnsystem und im transeuropäischen Hochgeschwindigkeitsbahnsystem, (2008/164/EG) (2007)

21. TSI LOC&PAS CR: Beschluss der Kommission vom 26. April 2011 über die technische Spezifikation für die Interoperabilität des Fahrzeug-Teilsystems „Lokomotiven und Personenwagen" des konventionellen transeuropäischen Bahnsystems (2011/291/EU) (2011)

22. Lutzenberger, S., Gutmann, C.: UFOPLAN FKZ 3709 54 145, „Ermittlung des Standes der Technik der Geräuschemissionen europäischer Schienenfahrzeuge und deren Lärmminderungspotenzial mit Darstellung von Best-Practice-Beispielen". http://www.umweltbundesamt.de/uba-infomedien/4441.html (2013)

23. Remington, P.J., Rudd, M.J., Vér, I.L., Ventres, C.S., Myles, M.M., Galaitsis, A.G., Bender, K.E.: Wheel/rail noise, part I to part V. J. Sound Vib. **46**, 359–451 (1976)

24. Thompson, D.J.: Railway Noise and Vibration. Elsevier Verlag (2009)

25. Kurze, U.J., Horn, H.: Schwingungen von Eisenbahnrädern. Acustica **70** (1990)

26. Willenbrink, L.: Neuere Erkenntnisse zur Schallabstrahlung von Schienenfahrzeugen. ETR **28**, 355–362 (1979)

27. Prose: Validation of indirect roughness measurements. Presentation of measurement results based on the sonRail measurement campaigns (2010)

28. EN ISO 3381: Railway Applications – Acoustics – Measurement of Noise Inside Railbound Vehicles (2005)

29. Harmonised Accurate and Reliable Methods for the EU Directive on the Assessment and Management of Environmental Noise: Definition of track influence: roughness in rolling noise, Deliverable 12 part 1 of the HARMONOISE project (2003)

30. Jones, C.J.C., Thompson, D.J., Diehl, R.J.: The use of decay rates to analyse the performance of railway track in rolling noise generation. J. Sound Vib. **293** (3–5), 485–495 (2006)

31. Thompson, D.J., Gautier, P.E.: Review of research into wheel/rail rolling noise reduction. Proc. Inst. Mech. Eng. F J. Rail Rapid Transit **220**, 385 (2006)

32. imb-dynamik: Bericht Nr. 095.01.01, Vergleichsmessungen Gersthofen 1999, Luftschall und Körperschall bei SchO mit unterschiedlichen elast. Zwischenlagen (2000)

33. Sievi, A., Steinbach, F., Wagnière, M.: Präzisierung der Prognosemodelle für das Innengeräusch mit Hilfe der OTPA, Fachtagung Bahnakustik (2014)

34. Radivojevi, M.: turbulente Strömung, Fachgebiet Strömungstechnik und Akustik, FH Düsseldorf (2005)

35. Hucho: Aerodynamik der stumpfen Körper. Vieweg + Teubner (2011)

36. Baldauf, W. et al.: Aktiv geregelter, akustisch optimierter Einholmstromabnehmer. In: Elektrische Bahnen 100 (2002) 5, S. 182–188. Oldenbourg Verlag (2002)

37. Maglev, Die neue Dimension des Reisens (Hrsg.): MVP Versuchs- und Planungsgesellschaft für Magnetbahnsysteme, Transrapid International, Gesellschaft für Magnetbahnsysteme, Darmstadt, Hestra (1989)

38. Maglev: Die Fahrzeug- und Fahrwerktechnik Transrapid. Forschungsinformation Bahntechnik, ETR **41**, 275–278 (1992)

39. DB: Nicht veröffentlichte Berichte der Deutschen Bundesbahn, Versuchsanstalt (VersA) München im Auftrag des BZA München, Dezernat 103/103a, bzw. der Deutschen Bahn AG, Forschungs- und

Technologiezentrum (FTZ) München (jetzt DB Systemtechnik GmbH) (1979–2003)

40. Fodiman, P.: AEIF, The NOEMIE Project, Project no 2002/EU/1663 (2005)

41. Hölzl, G., Hafner, P.: Schienenverkehrsgeräusche und ihre Minderung durch Schallschutzwände. Z. Lärmbekämpfung **27**, 92–99 (1980)

42. Oertli, J.: The STAIRRS PROJECT, work package 1: a cost-effectiveness analysis of railway noise reduction on a European scale. Euronoise (2003)

43. DB Netz AG: Innovative Maßnahmen zum Lärm- und Erschütterungsschutz am Fahrweg, Schlussbericht vom 15.06.2012. Bericht im Rahmen des Konjunkturprogramm II für das Vorhaben „Einzelmaßnahmen zur Lärm- und Erschütterungsminderung am Fahrweg" (2012)

44. EBA: Pr. 1110 Rap/Rau 98: Lärmschutz: Pegelabschlag für das „Besonders überwachte Gleis" („BüG") gemäß der Fußnote zur Tabelle C (Korrekturglied D_{Fb}) der Anlage 2 zu § 3 der 16. BImSchV. Verfügung des Eisenbahn-Bundesamts vom 16.03.1998, VkBl. 1998, 7, 262, lfd. Nr. 74(1998)

45. BMFT (Hrsg.): Abschlußbericht zum Forschungsvorhaben TV 7420 „Ermittlung und Erprobung von passiven Maßnahmen zur Verminderung von Schallemissionen bei hohen Geschwindigkeiten", März (1976)

46. BMFT. (Hrsg.): Technischer Schlussbericht zum Forschungsvorhaben TV 7630 „Passive Schallschutzmaßnahmen für das Rad/Schiene-System bei hohen Geschwindigkeiten" (1980)

47. Hemsworth, B., Jones, R.R.K.: Silent Freight Project, Final Report. BRITE-EURAM PROJECT BE 95-1238 (2000)

48. Behr, W.: Wirkung der Kombination von Rad- und Schienendämpfern; Fachtagung Bahnakustik, Infrastruktur, Fahrzeuge, Betrieb (2011)

49. Diehl, R.J., Müller, G.H.: An engineering model for the prediction of interior and exterior noise of railway vehicles. In: Proceedings of the Euro-Noise ‚98' Munich, S. 879–882 (1998)

50. Frid, A., Orrenius, U., Kohrs, T.: BRAINS for Improved Rail Vehicle Acoustics. DAGA, München (2005)

51. Sievi, S., Schorer, E.: Akustikmanagement; Fachtagung Bahnakustik, Infrastruktur, Fahrzeuge, Betrieb (2011)

52. Thoß, E., Stegemann, B., Treichler, U., Schätzer, C.: Optimierung der Schallemission von Schienenfahrzeugen mit „nicht" akustischen Maßnahmen, S. 277, DAGA, Stuttgart (2007)

53. Kurze, U.J.: Abschirmung an Bahnanlagen. Acustica **44**, 304–315 (1980)

54. Möser, M.: Technische Akustik, 8. Aufl., Springer (2009)

55. DB Netz AG: Ril 804, Modul 804.5501 Lärmschutzanlagen an Eisenbahnstrecken. 01.01.2013. Erhältlich über DB Kommunikationstechnik GmbH, Karlsruhe (2013)

56. Schall 03: Berechnung des Beurteilungspegels für Schienenwege (Schall 03). Anlage 2 der 16. BImSchV in Bundesgesetzblatt Jahrgang 2014 Teil I Nr. 61 (2014)

57. Möser, E.M.: Patentschrift DE 195 09 678 C1 Schallschutzwand, Deutsches Patentamt, Veröffentlichungstag der Patenterteilung 30.05.1996 (1996)

58. Barsikow: Nicht veröffentlichte Berichte von akustik data im Auftrag der DB AG zur Verbesserung der Einfügungsdämpfung einer Schallschutzwand (1999–2003)

59. Kalivoda, M.T. et al.: Wirkung von SSI-Aufsätzen für Schallschutzwänden neben der Eisenbahn. In: Deutsche Jahrestagung für Akustik – DAGA 2008, Dresden (2008)

60. Kurze, U.J.: Long range barrier attenuation of railroad noise. In: Proceedings of the Inter-Noise '87, Beijing, S. 379–382 (1987)

61. Kurze, U.J., Donner, U., Schreiber, L.: Vergleich der Schallausbreitung von Schiene und Straße. Z. Lärmbekämpfung **29**, 71–73 (1982)

62. Heimerl, G., Holzmann, E.: Ermittlung der Belästigung durch Verkehrslärm in Abhängigkeit von Verkehrsmittel und Verkehrsdichte in einem Ballungsgebiet (Straßen- und Eisenbahnverkehr). Untersuchungsbericht des Verkehrswissenschaftlichen Instituts an der Universität Stuttgart (1978)

63. IF-Studie: Interdisziplinäre Feldstudie II über die Besonderheiten des Schienenverkehrslärms gegenüber dem Straßenverkehrslärm. Forschungs-Nr. 70081/80 des Bundesministers für Verkehr, München/Bonn 1983. Planungsbüro Obermeyer (Hrsg.) München (1983)

64. BImSchV-16: Sechzehnte Verordnung zur Durchführung des Bundes-Immissionsschutzgesetzes (Verkehrslärmschutzverordnung – 16. BImSchV) (1990)

65. Möhler, U., Liepert, M., Schreckenberg, D.: Lärmbonus bei der Bahn? Ist die Besserstellung der Bahn im Vergleich zu anderen Verkehrsträgern noch gerechtfertigt? Schlussbericht des F&E Vorhabens 3708 51 102, Texte 23/2010 (Hrsg.) Umweltbundesamt, Dessau-Roßlau (2010)

66. Jäger, K., Schöpf, F., Gottschling, G., Fastl, H., Möhler, U.: Wahrnehmung von Pegeldifferenzen bei Vorbeifahrten von Güterzügen. Forschungsbericht der TU München im Auftrag der DB AG (ZBT 512), München (1996)

67. Jäger, K., Schöpf, F., Gottschling, G., Fastl, H., Möhler, U.: Wahrnehmung von Pegeldifferenzen bei Vorbeifahrten von Güterzügen. Fortschritte der Akustik – DAGA ,97' Kiel, S. 228–229 (1997)

68. Darr, E., Fiebig, W.: Feste Fahrbahn – Konstruktion und Bauarten für Eisenbahn und Straßenbahn. Deutscher Verkehrs-Verlag GmbH Eurailpress, Hamburg, 2. Aufl (2006)

69. Deutsche Bahn AG: Antrag auf Anerkennung des Nachweises der schalltechnischen Wirkung einer Schall absorbierenden Gestaltung der Oberfläche der Festen Fahrbahn, Deutsche Bahn AG, 22.08.1997 (1997)

70. Deutsche Bahn AG (Hrsg.) Anforderungskatalog zum Bau der Festen Fahrbahn, 4. Aufl. (2002)

71. Müller-BBM: Berichte im Auftrag des früheren Bundesbahn-Zentralamtes München, Dezernat 103/103a und anderer Dienststellen der Deutschen Bundesbahn bzw. des Forschungs- und Technologiezentrums München der Deutschen Bahn AG (nicht veröffentlicht) (1979–2001) (1979)

72. Diehl, R.J., Görlich, R., Hölzl, G.: Acoustic optimization of railroad track using computer aided methods. In: Proceedings of the WCRR97 – World Congress Railroad Research, Bd. E, Florence, S. 421–427 (1997)

73. Grassie, S.L.: Comments on „Surface irregularities and variable mechanical properties as a cause of rail corrugation" von Kalker J J in Rail Corrugation (Symposium, Berlin, Juni 1983), ILR-Bericht Nr. 56, S. 107–110 (1983)

74. Grassie, S.L., Gregory, R.W., Harrison, D., Johnson, K.L.: The dynamic response of railway track to high frequency vertical excitation. J. Mech. Eng. Sci. 24, 77–90 (1982)

75. Stiebel, D., Lölgen, T., Gerbig, C.: Innovative measures for reducing noise radiation from steel railway bridges. In: Proceedings of the 11th IWRN, Udevalla, Schweden, veröffentlicht in Notes on Numerical Fluid Mechanics and Multidisciplinary Design (NNFM) Vol 126 Noise and Vibration Mitigation for Rail Transportation Systems, S. 409–416. Springer (2015)

76. Hölzl, G., Nowack, R.: Experience of German Railways on noise emission of railway bridges. In: Proceedings of the Workshop on Noise Emission of Steel Railway Bridges, Rotterdam 1996. NS Technisch Onderzoek (Hrsg.) Utrecht (1996)

77. Wettschureck, R.G., Altreuther, B., Daiminger, W., Nowack, R.: Körperschallmindernde Maßnahmen beim Einbau einer Festen Fahrbahn auf einer Stahlbeton-Hohlkastenbrücke. ETR 45(6), 371–379 (1996)

78. Brückenstudie: Untersuchungen zur Verringerung der Schallabstrahlung von stählernen Eisenbahnbrücken durch kontruktive Maßnahmen. Abschlußbericht zum Projekt 104 der Studiengesellschaft für Anwendungstechnik von Eisen und Stahl e.V., Düsseldorf, Dezember (1987)

79. DB: Nicht veröffentlichte Berichte (2006) der Deutschen Bahn AG, DB Systemtechnik München (jetzt DB Systemtechnik GmbH) (2006)

80. Nowack, R.: Elastische Schienenbefestigungssysteme als schallmindernde Maßnahme bei Stahlbrücken ohne Schotterbett. ETR 47(4), 215–222 (1998)

81. Wettschureck, R.G., Heim, M.: Reduction of the noise emission of a steel railway bridge by means of resilient rail fastenings with dynamically soft baseplate pads. In: Proceedings of the Euro-Noise ‚98' Bd. I, Münich, S. 289–294 (1998)

82. Wettschureck, R.G., Diehl, R.J.: The dynamic stiffness as an indicator of the effectiveness of a resilient rail fastening system applied as a noise mitigation measure: laboratory tests and field application. Rail Eng. Int. Ed. (4), 7–10 (2000)

83. Akustik 22: Verringerung der Schallabstrahlung von Eisenbahnbrücken durch zusätzliche Maßnahmen. Information Akustik 22 der Deutschen Bundesbahn, Ausgabe Januar (1990)

84. Wettschureck, R.G.: Unterschottermatten auf einer Eisenbahnbrücke in Stahlbeton-Verbundbauweise. Fortschritte der Akustik, DAGA '87, Aachen, S. 217–220 (1987)

85. Bayer, R., Heutschi, K.: Schallabstrahlung von Eisenbahntunnelportalen – Kurzfassung. Hrsg., Bundesamt für Umwelt, Wald und Landschaft (BUWAL), März (2005)

86. Probst, W.: Die Prognose des aus Tunnelmündungen abgestrahlten Schalls. Z. Lärmbekämpfung 3(3), 130–139 (2008)

87. Ozawa, S., Murata, K., Maeda, T.: Effect of ballasted track on distortion of pressure wave in tunnel and emission of micro-pressure wave. In: Proceedings of the 9th International Symposium on Aerodynamics & Ventilation of Vehicle Tunnels, S. 935–947. BHR Group, Aosta Valley (1997)

88. Yamamoto, S.: Micro-pressure wave issued from a tunnel exit. In: Abstract of the Spring Meeting of the Physical Society of Japan, Apr (1977)

89. Tielkes, Th., Kaltenbach, H.-J., Hieke, M., Deeg, P., Eisenlauer, M.: Measures to counteract micro-pressure waves radiating from tunnel exits of DB's new Nuremburg-Ingolstadt high-speed line. In: 9th IWRN, Sept. 2007, München, Germany, veröffentlicht in Notes on Numerical Fluid Mechanics and Multidisciplinary Design (NNFM) 99, Noise and Vibration Mitigation for Rail Transportation Systems, S. 40–47. Springer (2008)

90. RIL853 DB Netz AG, Modul 853.1002A01 in Richtlinie 853 Eisenbahntunnel planen, bauen und instand halten. Erhältlich über DB Kommunikationstechnik GmbH, Karlsruhe, dzd-bestellservice@deutschebahn.com (2013)

91. Gerbig, C., Hieke, M.: Micro-pressure wave emissions from German high-speed railway tunnels – an approved method for prediction and acoustic assessment. In: Proceedings of the 11th IWRN, Udevalla, Schweden, veröffentlicht in Notes on Numerical Fluid Mechanics and Multidisciplinary Design (NNFM) Vol 126 Noise and Vibration Mitigation for Rail Transportation Systems, S. 571–578. Springer (2015)

92. Gerbig, C., Hieke, M.: Mikrodruckwellen-Emissionen an Tunnelportalen – Prognose, akustische Bewertung und Minderungsmaßnahmen. In: Tagungsband Bahnakustik-Infrastruktur, Fahrzeuge, Betrieb, Planegg bei München, S. 71–80 (2012)

93. Schlämmer, M., Hieke, M.: CFD-simulations on the generation of the pressure wave when a high-speed train enters a tunnel with different portal modifications. In: Proceedings of the 6th International Colloquium on: Bluff Body Aerodynamics and Applications, Milano (2008)

94. Howe, M.S., Iida, M., Maeda, T., Sakuma, Y.: Rapid calculation of the compression wave generated by

a train entering a tunnel with a vented hood. J. Sound Vib. **297**, 267–292 (2006)

95. Adami, S., Kaltenbach, H.-J.: Sensitivity of the wave-steepening in railway tunnels with respect to the friction model. In: Proceedings of the 6th International Colloquium on: Bluff Body Aerodynamics and Applications, Milano (2008)

96. Jäger, K., Hauck, G.: Neue Erkenntnisse und Berechnungsverfahren bei der Schallpegelermittlung im Umfeld großflächiger Rangieranlagen. AET – Archiv für Eisenbahntechnik **4**, 16–23 (1986)

97. Jäger, K., Möhler, U.: Der Lärmschutz für den Rangierbahnhof München Nord. Rangiertechnik und Gleisanschlusstechnik (RT+GT) **51**, 61–66 (1991)

98. TA Lärm: Sechste Allgemeine Verwaltungsvorschrift zum Bundes-Immissionsschutzgesetz (Technische Anleitung zum Schutz gegen Lärm – TA Lärm), 26. August 1998 (GMBl Nr. 26/1998 S. 503) (1998)

99. Bahnhofstudie 2: Studie über die Schallemission von Bahnhöfen im Vergleich mit der freien Strecke (Bahnhofstudie 2). Forschungsvorhaben im Auftrag des Bundesministers für Verkehr und des Bundesbahn-Zentralamtes München. Müller-BBM GmbH, Planegg (1986)

100. Müller-BBM: Managing Noise from parked trains. Müller-BBM Bericht M111955/04 (2014)

101. Asmussen, B., Jäger, S., Degen, K.G.: Kurvenquietschen – Physikalische Grundlagen und Möglichkeiten zur Unterdrückung. VDI Berichte (2002)

102. Combating Curve Squeal, Phase 2, Final Report (2005)

103. Krüger, F.: Kurvengeräusche – Messung, Bewertung und Minderungsmaßnahmen. Schriftenreihe für Verkehr und Technik. Erich Schmidt Verlag (2013)

104. Thallemer, B., Bühler, S.: Vermeidung von Kurvenkreischen – ein Zwischenbericht. In: Proceedings DAGA, München (2005), S. 751

105. Jansen, H.W., Janssens, M.H.A.: Squeal noise measuring protocol. TNO-interner Bericht (2004)

106. Internationaler Eisenbahnverband (UIC): UIC-Kodex 660 VE „Bestimmungen zur Sicherung der technischen Verträglichkeit der Hochgeschwindigkeitszüge" (2002)

107. DIN 5566-1:2006-09: Schienenfahrzeuge – Führerräume – Teil 1: Allgemeine Anforderungen, Sept (2006)

108. Internationaler Eisenbahnverband (UIC): UIC-Kodex 651 VE „Gestaltung der Füherräume von Lokomotiven, Triebwagen, Triebwagenzügen und Steuerwagen" (2002)

109. LärmVibrArbSchV (2006): Verordnung zum Schutz der Beschäftigten vor Gefährdungen durch Lärm und Vibrationen (LärmVibrationsArbSchV), BGBl. Teil 1 Nr. 8 (2007)

110. VDV: Stadtbahnen in Deutschland: innovativ – flexibel – attraktiv = Light rail in Germany. VDV, Verband Deutscher Verkehrsunternehmen, VDV-Förderkreis e.V. (Hrsg.) Alba-Fachverlag, Düsseldorf (2000)

111. STUVA 2007: Forschungs- und Entwicklungsvorhaben 20454150 im Rahmen des Umweltforschungsplans 2004 (Ufoplan 2004) (2007)

112. VDV Schrift 154, Geräusche von Schienenfahrzeugen des Öffentlichen Personen-Nahverkehrs (ÖPNV) beka Verlag GmbH, Köln (2011)

113. VDV: Fahrwege der Bahnen im Nah- und Regionalverkehr in Deutschland, VDV/VDV-Förderkreis, ISBN 978-3-87094-674-6, Alba-Fachverlag, Düsseldorf (2007)

114. Sehu, D., Wunderli, J. M., Heutschi, K., Thron, Th.: Hecht, M., Rohrbeck A., Ledermann, Th.: sonRail – Projektdokumentation vom 07.10.2010. www.empa.ch (2010)

115. VBUSch: Vorläufige Berechnungsmethode für den Umgebungslärm an Schienenwegen (VBUSch), Bundesanzeiger, Bundesministerium der Justiz (Hrsg.), Jahrgang 58, Nr. 154a, Aug (2006)

116. Müller, J., Werst, T., Möhler, U.: Analyse der vorgesehenen EU-Bewertungsmethode für den Schienenverkehrslärm. Fachtagung Bahnakustik (2014)

117. Remington, P.J.: Wheel/rail rolling noise, I: theoretical analysis. J. Acoust. Soc. Am. **81**, 1805–1823 (1987)

118. Remington, P.J.: Wheel/rail rolling noise, II: validation of the theory. J. Acoust. Soc. Am. **81**, 1824–1832 (1987)

119. Diehl, R.J., Hölzl, G.: Prediction of wheel/rail noise and vibration – validation of RIM. In: Proceedings of the Euro-Noise '98, Munich, S. 271–276 (1998)

120. Thompson, D.J.: Wheel-/-rail noise generation, parts I – V. J. Sound Vib. **161**, 387–482 (1993)

121. Thompson, D.J.: A review of the modelling of wheel/rail noise generation. J. Sound Vib. **231**, 519–536 (2000)

122. Thompson, D.J., Fodiman, P., Mahé, H.: Experimental validation of the TWINS prediction program for rolling noise, part 2, results. J. Sound Vib. **193**, 137–147 (1996)

123. DIN EN 13979-1: Bahnanwendungen – Radsätze und Drehgestelle – Vollräder – Technische Zulassungsverfahren – Teil 1: Geschmiedete und gewalzte Räder; Deutsche Fassung EN 13979-1:2003+A2: (2011)

124. Betgen, B., Bouvet, P., Squicciarini, G., Thompson, D.J., Jones, C.J.C.: Estimating the Performance of Wheel Dampers Using Laboratory Methods and a Prediction Tool, Conf. Proc. IWRN 13, Uddevalla (2013)

125. Toward, M.G.R., Squicciarini, G., Thompson, D.J., Gao, Y.: Estimating the performance of rail dampers using laboratory methods and software predictions. In: Proceedings of the IWRN 13, Uddevalla Schweden, veröffentlicht in Notes on Numerical Fluid Mechanics and Multidisciplinary Design (NNFM) Vol 126 Noise and Vibration Mitigation for Rail Transportation Systems, S. 47–54. Springer (2015)

126. Pieringer, A., Baeza, L., Kropp, W.: Modelling of railway curve squeal including effects of wheel rotation, conf. Proc. IWRN 13, Uddevalla (2013)

127. Polo, A., Bongini, E., Orrenius, U.: ACOUTRAIN: symplifying and improving the acoustic certification process of new rolling stock. European Railway Review 18 (6), 32–34 (2012)

128. Meyer, G., Broschart, T.: Körperschallverhalten und akustische Prognose moderner Hochgeschwindigkeitszüge. ZEV+DET Glasers Annalen+DET Glasers Annalen **122**(9/10), 587–601 (1998)

129. Sievi, A.: Fahrzeuginnengeräusch – Prognoseverfahren und Modellerstellung, Erhöhung der Prognoscgenauigkeit am Beispiel der Fahrzeugreihen KISS und NSB FLIRT, Fachtagung Bahnakustik (2012)

130. DIN EN 15153-2: Bahnanwendungen – Optische und akustische Warneinrichtungen für Schienenfahrzeuge – Teil 2: Signalhörner; Deutsche Fassung EN 15153-2 (2013)

131. UIC 644: Akustische Signaleinrichtungen der im internationalen Verkehr eingesetzten Triebfahrzeuge (1980)

132. DIN 45642:2004: Messung von Verkehrsgeräuschen (2004) + DIN 45642:2013: Messung von Verkehrsgeräuschen Änderung A1 (2013)

133. Eichenlaub, C., Arendholz, J.: Die Normenlage für Innengeräuschmessungen, Fachtagung Bahnakustik (2012)

134. DIN EN ISO 3381:2011-05: Bahnanwendungen – Akustik – Geräuschmessungen in spurgebundenen Fahrzeugen (ISO 3381:2005); Deutsche Fassung EN ISO 3381 (2011)

135. DIN EN 16584-2:2013-07: Bahnanwendungen – Gestaltung für mobilitätseingeschränkte Menschen – Allgemeine Anforderungen – Teil 2: Informationen; Deutsche Fassung prEN 16584-2 (2013)

136. DIN EN 15610: Bahnanwendungen – Geräuschemission – Messung der Schienenrauheit im Hinblick auf die Entstehung von Rollgeräusch; Deutsche Fassung EN 15610 (2009)

137. VDI 2720 Schallschutz durch Abschirmung im Freien, Blatt 1:1997-03 (1997)

138. Van Lier, A.: The measurement, analysis and presentation of wheel and rail roughness, NSTO report No. 9571011, Aug (1997)

139. Müller-BBM http://www.muellerbbm.de/produkte/mrailtrolley/. (2014-1)

140. DIN EN 15461: Bahnanwendungen – Schallemission – Charakterisierung der dynamischen Eigenschaften von Gleisabschnitten für Vorbeifahrtgeräuschmessungen; Deutsche Fassung EN 15461:2008+A1 (2010)

141. Gutmann, C., Oertli, J., Scossa-Romano, E., Lutzenberger, S., Belcher, D.: Statistische Untersuchung der Track Decay Rate verschiedener Oberbauten im Hinblick auf die Wirksamkeit von Schienendämpfern; Fachtagung Bahnakustik (2014)

142. Müller-BBM: Bericht Nr. C89095/03, Erprobung von Schienendämpfern, TDR-Messungen an 18 Messstandorten im Schweizer Schienennetz, Mai (2013)

143 DB Systemtechnik, Bericht, Mindestanforderungen an Nachweismessungen zur quantitativen Bewertung von infrastrukturbasierten Innovationen zur Minderung des Schienenlärms (2010)

144. DIN 45673-1: Mechanische Schwingungen – Elastische Elemente des Oberbaus von Schienenfahrwegen – Teil 1: Begriffe, Klassifizierung, Prüfverfahren (2010)

145. EN 13481: Railway applications – Track performance requirements for fastening systems – Part 6: Special fastening systems for attenuation of vibration (2002)

146. DB-TL: Technische Lieferbedingungen „Unterschottermatten" der DB AG – DB-TL 918 071, Ausgabe (1988)

147. DB-TL: Technische Lieferbedingungen für Zwischenlagen der DB AG – DB-TL 918 235, Ausgabe (1994)

148. DIN EN ISO 10846-1: Akustik und Schwingungstechnik – Laborverfahren zur Messung der vibroakustischen Transfereigenschaften elastischer Elemente – Teil 1: Grundlagen und Übersicht (ISO 10846-1:2008); Deutsche Fassung EN ISO 10846-1 (2008)

149. DIN EN ISO 10846-2: Akustik und Schwingungstechnik – Laborverfahren zur Messung der vibroakustischen Transfereigenschaften elastischer Elemente – Teil 2: Direktes Verfahren zur Ermittlung der dynamischen Steifigkeit elastischer Stützelemente bei Anregung in translatorischer Richtung (ISO 10846-2:2008); Deutsche Fassung EN ISO 10846-2 (2008)

150. DIN EN ISO 10846-3: Akustik und Schwingungstechnik – Laborverfahren zur Messung der vibroakustischen Transfereigenschaften elastischer Elemente – Teil 3: Indirektes Verfahren für die Bestimmung der dynamischen Steifigkeit elastischer Elemente für translatorische Schwingungen (ISO 10846-3:2002); Deutsche Fassung EN ISO 10846-3 (2002)

151. Müller-BBM: Bericht Nr. M108698/01, Metro Warschau, Durchführung einer operationellen Transferpfadanalyse (oTPA) an einem Fahrzeug auf dem Testring in Wildenrath (2013)

152. Sievi, A., Martner, O., Lutzenberger, S.: Noise reduction of trains using the operational transfer path analysis – demonstration of themethod and evaluation by case study. In: Notes on Numerical Fluid Mechanics and Multidisciplinary Design, Noise and Vibration Mitigation for Rail Transportation Systems, Proceedings of the 10th International Workshop on Railway-Noise, Nagahama, Japan, (2012)

153. Barsikow, B.: Schallabstrahlung spurgebundener Hochgeschwindigkeitsfahrzeuge bis 500 km/h. Fortschritte der Akustik, DAGA '89, Duisburg, S. 607–610 (1989)

154. Nordborg, A.: Optimum array microphone configuration. In: Proceedings of the Inter-Noise 2000, Nizza, S. 2474–2478 (2000)

155. Michel, U., Möser, M.: Akustische Antennen. In: Möser, M. (Hrsg.) Messtechnik der Akustik. Springer (2010)

156. Martens, A., Wedemann, J., Meunier, N., Leclere, A.: High speed train noise – sound source localization at

fast passing trains. Forum Acusticum 2002, Sevilla (2002).

157. Mueller, T.J. (Hrsg.).: Aeroacoustic Measurements. Springer (2002)

158. DIN EN 16286: Bahnanwendungen – Übergangssysteme zwischen Fahrzeugen – Teil 2: Messung der Akustik (2013)

159. SEMIBEL. Schweizerisches Emissions- und Immissionsmodell für die Berechnung von Eisenbahnlärm. Version 1. Schriftenreihe Umweltschutz Nr. 116, Bundesamt für Umwelt, Wald & Landschaft, Bern (1990)

Printed in the United States
By Bookmasters